居家养老护理实践指导丛书

廿四节气
健康养老手册

李惠玲　俞 红◎主编

老吾老以及人之老

因应自然　健康晚晴

苏州大学出版社

Soochow University Press

图书在版编目(CIP)数据

廿四节气健康养老指导手册/李惠玲,俞红主编
. —苏州:苏州大学出版社,2016.8
（居家养老护理实践指导丛书）
ISBN 978-7-5672-1823-9

Ⅰ.①廿… Ⅱ.①李… ②俞… Ⅲ.①二十四节气－
关系－保健－手册 Ⅳ.①P462-62②R161-62

中国版本图书馆 CIP 数据核字(2016)第 200860 号

书　　名:廿四节气健康养老指导手册
主　　编:李惠玲　俞　红
策　　划:刘　海
责任编辑:刘　海
装帧设计:刘　俊

出版发行:苏州大学出版社(Soochow University Press)
出 品 人:张建初
社　　址:苏州市十梓街 1 号　邮编:215006
印　　刷:苏州工业园区美柯乐制版印务有限责任公司
E-mail　:Liuwang@suda.edu.cn　QQ:64826224
邮购热线:0512-67480030
销售热线:0512-65225020

开　　本:700 mm×1 000 mm　1/16　印张:14　字数:180 千
版　　次:2016 年 8 月第 1 版
印　　次:2016 年 8 月第 1 次印刷
书　　号:ISBN 978-7-5672-1823-9
定　　价:29.00 元

因应自然　健康晚晴

——策划人语

人是自然之子，"天人合一"一直是国人追求的理想境界。随着社会经济的飞速发展和民众生活水平的日益提高，中国正在步入老龄化社会，越来越多的老年朋友希望通过顺应天时、加强自身健康的科学管理来提高生活质量，乐享天年。为此，本书策划编辑特邀苏州大学护理学院的养老护理及老年营养学专家精心编写了《廿四节气健康养老手册》。

该手册以中国传统文化中的廿四节气来结构全书，在保证医护知识科学性的基础上，以"因应自然"为主导思想，根据不同节气的自然特征，针对老年朋友的生理和心理特点，分别从饮食、起居、运动、情志、易感病症的施护等五个方面做了相应的健康管理指导，不仅有通俗易懂的健康养老知识介绍，更突出了情志调适对人身心健康的重要作用，其中的不少健身防病技巧亦有较强的可操作性。本书并配有相应图片予以形象性的示范和指导。

本书既适合老年朋友阅读，也能够为养老护理专业人士提供观念与技术的指导及帮助。相信广大老年朋友和相关专业人员一定能够从中汲取到有益的知识性营养，给自己和他人一个美好的人间晚晴天。

编委会名单

目 录

立春 1

第一节 饮食有节,四时相宜 1

宜甜少酸、多食辛甘发散食物 2

宜常吃芽菜 2

少吃补品和盐 2

立春时节推荐几款粥 3

第二节 起居有常,不妄劳作 4

早起晚睡以养肝 4

春捂秋冻捂"两头",老年人
穿衣有讲究 4

梳头百下寿自高 4

温水泡脚解春困 5

第三节 动静有度,形与神俱 5

第四节 情志调适,因人而异 7

第五节 易感病症,辨证施护 8

立春后易患疾病 8

几种易患疾病的预防方法 8

雨水 10

第一节 饮食有节,四时相宜 10

宜少酸增甘以养脾 11

多吃新鲜蔬菜和多汁水果以
补充水分 11

多食粥以养脾胃 11

第二节 起居有常,不妄劳作 12

衣着当以"捂"为首 12

亥时睡觉百脉通 12

防寒防湿暖关节 13

按摩腹部加提肛 13

第三节 动静有度,形与神俱 14

柔和运动 14

保暖防寒 15

循序渐进 15

第四节 情志调适,因人而异 16

第五节 易感病症,辨证施护 16

雨水后易患疾病 16

雨水时节预防风寒感冒、润
肺的最佳处方 17

惊蛰 18

第一节 饮食有节,四时相宜 19

适当多吃温热健脾食物 19

多食野菜益健康 19

多食润肺之物防过燥 19

多吃清淡食物防疫病 20

多吃省酸增甘以健脾 20

祛火清脂,晨起一杯水 20

第二节 起居有常,不妄劳作 20

夜卧早起,缓解春困 21

适宜春捂,百病难碰 21

春日暖阳,强筋舒心 21

第三节　动静有度,形与神俱 22

　　慢运动,畅胸怀 22

　　文运动,静心气 22

　　练坐功,以健身 22

第四节　情志调适,因人而异 23

　　阴虚体质 23

　　阳虚体质 23

　　血淤体质 23

第五节　易感病症,辨证施护 24

　　惊蛰后易患疾病 24

　　防感冒和流感 24

　　重视几种严重的致命疾病 24

　　谨防皮肤病的发生 25

春分 26

第一节　饮食有节,四时相宜 26

　　忌偏热、偏寒、偏升、偏降 27

　　多食时令蔬果 27

　　多食甘甜祛湿之品 27

第二节　起居有常,不妄劳作 28

　　适时添衣物,下厚上薄最
　　　适宜 28

　　多晒多梳头,祛散寒邪助
　　　生发 28

　　空气保清新,预防呼吸性
　　　疾病 29

　　香囊随身挂,细菌病毒不
　　　敢侵 29

适当控房事,生活平和养
　生道 29

第三节　动静有度,形与神俱 30

　　运动不宜太过激烈 30

　　平常运动做烦了,不妨按摩
　　　穴位来养生 30

第四节　情志调适,因人而异 31

第五节　易感病症,辨证施护 31

　　春分后易患疾病 31

　　咳嗽 32

　　五更泻 32

　　腹痛腹泻 32

清明 34

第一节　饮食有节,四时相宜 34

　　五类食物最滋补 35

　　肝肺同养多喝茶 36

　　祛除湿气防邪病 36

　　省酸增甘,养脾护肝 36

　　不宜食用"发"的食品 37

第二节　起居有常,不妄劳作 37

　　早卧早起防春困 37

　　冷暖气流慎换装 38

　　开窗通风慎起居 38

第三节　动静有度,形与神俱 39

第四节　情志调适,因人而异 40

第五节　易感病症,辨证施护 41

　　清明后易患疾病 41

　　清明时节是高血压的易发期 41

阴虚阳亢症 42

肝肾阳虚症 42

阴阳两虚症 42

清明时节防哮喘 42

忽冷忽热易得呼吸道传染病 43

谷雨 44

第一节 饮食有节,四时相宜 44

谷雨时节饮食宜"五低" 45

省酸增甘以养脾 45

补血益气祛风湿 46

服用"谷雨养生汤" 46

忌过早食冷饮,少食燥热
食物 46

谷雨时节试新茶 46

晨起一杯水 47

第二节 起居有常,不妄劳作 47

早晚适当"春捂" 47

谨防花粉过敏 48

避免潮湿,防范风湿 48

第三节 动静有度,形与神俱 48

运动为谷雨养阳的重要一环 48

可练"谷雨三月中坐功"以
养生 49

谷雨时节的运动原则 49

第四节 情志调适,因人而异 49

第五节 易感病症,辨证施护 51

谷雨后易患疾病 51

谷雨前后防神经痛 51

神经痛分型 51

减轻疼痛发作时的注意事项 52

立夏 53

第一节 饮食有节,四时相宜 53

宜增酸减苦,饮食清淡 54

多进稀食并可少量饮酒 54

饮食以低脂、易消化、富含纤
维素为主 54

常食葱姜以养阳 54

第二节 起居有常,不妄劳作 55

晚睡早起,增加午睡 55

早晚较凉,适当添衣 57

冷暖自知,保护胃肠 57

第三节 动静有度,形与神俱 57

第四节 情志调适,因人而异 59

第五节 易感病症,辨证施护 60

立夏后易患疾病 60

冬病夏治疗旧疾 60

除湿消暑健脾胃 61

初夏时节防菌痢 61

初夏易发口疮和红眼病 61

初夏也是皮肤病的多发季节 62

小满 63

第一节 饮食有节,四时相宜 63

宜清热利湿 63

宜清补养阴 64

宜增酸减苦 65

少食生冷之物 65

第二节　起居有常,不妄劳作 65
晚睡早起加午休 65
早晚及雨后勿忘添衣 66
谨防空调伤身体 66
散风祛湿勤梳头 67

第三节　动静有度,形与神俱 67
小满运动忌剧烈 67
练"小满四月坐功" 68
按摩经络穴位可泻火清心 68

第四节　情志调适,因人而异 69

第五节　易感病症,辨证施护 70
小满后易患疾病 70
防热病 70
防湿病 71

芒种 73

第一节　饮食有节,四时相宜 73
饮食宜清补为主 74
少食肉食,多食谷蔬菜果自
然冲和之味 74
补充水分有讲究 75
预防"夏打盹" 75

第二节　起居有常,不妄劳作 76
晚睡早起,宜睡子午觉 76
气候湿热,衣服宜勤换洗 76
汗出不见湿 77
未食端午粽,破裘不可送 77

第三节　动静有度,形与神俱 78

第四节　情志调适,因人而异 79
学会自我心理调节 79
心静自然凉 79

第五节　易感病症,辨证施护 80
芒种后易患疾病 80
预防热伤风 80
热伤风的施护 80
护好心脏正当时 81
防止带下病 81

夏至 82

第一节　饮食有节,四时相宜 83
多食酸味以固表,多食咸味
以补心 83
清淡饮食祛湿健脾 83
冷食、寒食不宜多吃 84
科学补水防低钾 84

第二节　起居有常,不妄劳作 84
调养生息,做好夏至睡眠
功课 85
莫贪凉、洁饮食,以防伤身 85
勤洗澡保持脉胳舒通 85
佩戴香囊可防湿防蚊 86
预防中暑加强补水和防晒 86

第三节　动静有度,形与神俱 86

第四节　情志调适,因人而异 88
老年朋友的炎夏情志调适 88
宁心安神"六字诀" 88

第五节　易感病症,辨证施护 89

夏至后易患疾病 89

易感病症及施护要点 89

老年人心血管病的施护
要点 90

穴位拍打散暑湿 90

小暑 92

第一节　饮食有节,四时相宜 92

多吃苦瓜果蔬粥汤之品 93

适当增加酸味食物 93

小暑黄鳝赛人参 94

第二节　起居有常,不妄劳作 94

少动多静 94

勿久坐木 95

起居作息有规律 95

汗出较多忌贪凉 95

刮痧保健防中暑 96

洗澡时机要把握 96

第三节　动静有度,形与神俱 96

游泳可消暑健身 97

练瑜伽可安神养性 97

早起花间走颐养心神 97

午睡转眼睛强效护心 98

晚间梳"五经"预防疾病 98

第四节　情志调适,因人而异 98

第五节　易感病症,辨证施护 99

小暑后易患疾病 99

易感病症及施护 99

小暑莫忘鳝补 100

红糖姜茶祛宫寒 100

大暑 102

第一节　饮食有节,四时相宜 102

适当多吃苦味的食物 103

多吃清热解暑、益气养阴的
食物 103

蛋白质供给须足够 103

谨防"因暑贪凉" 104

度暑粥 104

第二节　起居有常,不妄劳作 105

减少外出防中暑 105

熏艾防蚊防感冒 105

汗出较多忌贪凉 106

晚睡早起加午休 106

第三节　动静有度,形与神俱 107

第四节　情志调适,因人而异 108

第五节　易感病症,辨证施护 109

大暑后易患疾病 109

易感病症的施护 109

立秋 111

第一节　饮食有节,四时相宜 111

"少辛增酸"以敛肺 112

"滋阴润肺"促食欲 112

"营养均衡"少摄油 112

第二节　起居有常,不妄劳作 113

早卧早起以敛阳 113

使用空调须谨慎 113

注意衣着防流感 113
第三节　动静有度,形与神俱 114
第四节　情志调适,因人而异 116
　　警惕秋季心理疾病 116
　　立秋后补点维生素养精神 116
　　补充维生素 C 116
第五节　易感病症,辨证施护 117
　　立秋后易患疾病 117
　　预防风燥感冒 117
　　合理饮食来润肺 117
　　按摩掐穴去肺火 118

处暑 119
第一节　饮食有节,四时相宜 119
　　"少辛增酸"防秋燥 120
　　"多增流食"补水分 120
　　"滋阴润肺"助养颜 121
第二节　起居有常,不妄劳作 121
　　早卧早起以应秋候 121
　　多变之秋应防贼风 122
　　室内保湿避热补水 122
　　适当秋冻酌情减衣 122
第三节　动静有度,形与神俱 123
第四节　情志调适,因人而异 124
第五节　易感病症,辨证施护 125
　　处暑后易患疾病 125
　　处暑时节除疟疾 126

白露 127

第一节　饮食有节,四时相宜 127
　　"减苦增辛"助肝气 128
　　"滋阴益气"易生津 128
　　"秋瓜坏肚"易伤胃 128
第二节　起居有常,不妄劳作 129
　　早晚添衣夜盖被 129
　　室内空气多通风 129
　　良好睡眠最养生 130
第三节　动静有度,形与神俱 130
第四节　情志调适,因人而异 131
第五节　易感病症,辨证施护 132
　　白露后易患疾病 132
　　腹泻 132
　　过敏性疾病 132
　　温燥 133

秋分 135

第一节　饮食有节,四时相宜 135
　　宜温润调养 136
　　适量辛酸果蔬 136
　　螃蟹鲜美不可贪 136
第二节　起居有常,不妄劳作 137
　　卧时头朝西 137
　　早晚适添衣 137
第三节　动静有度,形与神俱 138
　　打太极拳 138
　　游泳 139
　　散步 139
第四节　情志调适,因人而异 140

多晒太阳 140
自身心理调节 141
第五节 易感病症,辨证施护 141
秋分后易患疾病 141
防燥 141
补菌 142
戒寒 142
养阴 143
养肺 143

寒露 145
第一节 饮食有节,四时相宜 145
第二节 起居有常,不妄劳作 145
生活习惯 146
服装适体 147
室内保湿 147
第三节 动静有度,形与神俱 147
适合于老年人的运动 147
适合于身体素质较好的老年
朋友的运动 148
第四节 情志调适,因人而异 148
第五节 易感病症,辨证施护 149
寒露节气易患疾病 149
呼吸系统疾病的施护 149
心血管系统疾病的施护 150

霜降 151
第一节 饮食有节,四时相宜 151
时令饮食 151

时令进补 152
少食辛味 152
少食寒凉食物 152
脾胃虚弱者的饮食宜忌 152
第二节 起居有常,不妄劳作 152
合理睡眠有助精力充沛 152
霜降保暖助健康 153
第三节 动静有度,形与神俱 153
保护好膝关节 153
推迟运动时间 154
做好运动前准备 154
倒着行走 154
第四节 情志调适,因人而异 154
第五节 易感病症,辨证施护 155
霜降节气易患疾病 155
霜降节气要防消化道疾病 155

立冬 158
第一节 饮食有节,四时相宜 158
宜适当多温热少寒凉 159
宜适当多食滋阴潜阳的
食物 159
宜适当增加维生素的摄取 159
宜适当多吃坚果 159
立冬后补肾为先 159
第二节 起居有常,不妄劳作 160
起居养生重防寒 160
注意保暖 161
室温应保持恒定 161

第三节　动静有度,形与神俱 161
第四节　情志调适,因人而异 163
第五节　易感病症,辨证施护 164
　　　立冬后易患疾病 164
　　　立冬时节防治关节炎 164
　　　注意保暖 164
　　　适当运动 164
　　　饮食合理 165
　　　良好习惯 165

小雪 164
第一节　饮食有节,四时相宜 167
第二节　起居有常,不妄劳作 168
　　　早睡晚起,御寒保暖 168
　　　多晒太阳 169
　　　勤开门窗 169
第三节　动静有度,形与神俱 169
第四节　情志调适,因人而异 170
第五节　易感病症,辨证施护 171
　　　小雪节气易患疾病 171
　　　小雪节气重在预防过敏性
　　　哮喘 171

大雪 174
第一节　饮食有节,四时相宜 174
　　　"增苦少甜"以御寒 175
　　　"多果多蔬"防口炎 175
　　　"多饮多粥"健脾胃 175
第二节　起居有常,不妄劳作 176

早睡晚起补睡眠 176
胸腹腰腿重保暖 176
开窗通风养绿植 176
第三节　动静有度,形与神俱 177
　　　健身跑 177
　　　擦背 178
第四节　情志调适,因人而异 178
第五节　易感病症,辨证施护 179
　　　大雪后易患疾病 179
　　　大雪时节防"三病" 179

冬至 181
第一节　饮食有节,四时相宜 182
　　　饮食忌辛辣燥热 182
　　　可常食坚果 182
　　　谷果肉蔬,合理搭配 183
第二节　起居有常,不妄劳作 183
　　　冬至时节勤晒被 183
　　　温暖双足防体寒 184
　　　"提神枕首法"除冬困 184
　　　早睡晚起,多晒背部 184
第三节　动静有度,形与神俱 185
第四节　情志调适,因人而异 187
　　　清心藏神 188
　　　节欲养精 188
　　　加强锻炼和营养有助克服
　　　消沉 188
第五节　易感病症,辨证施护 189
　　　冬至后易患疾病 189

感冒来碗"神仙粥" 189
按摩迎香缓鼻塞 190
冻疮的治疗 190
高血压的食疗 190

小寒 192
第一节 饮食有节,四时相宜 192
温补为主 193
合理进补 194
减甘增苦 195
食"腊八粥" 195
第二节 起居有常,不妄劳作 195
早卧晚起,必待日光 195
防寒保暖,以防寒邪 195
睡前沐足,多沐日光 196
第三节 动静有度,形与神俱 196
第四节 情志调适,因人而异 198
第五节 易感病症,辨证施护 198
小寒后易患疾病 198
中风的中医辨证分型 199
中风的饮食施护 199
中风的症状施护 200

大寒 202
第一节 饮食有节,四时相宜 202
藏热量 202
适当多食辛辣食物 203
适当多食苦味 203
适当补充维生素 203
有节制地饮食 203
第二节 起居有常,不妄劳作 204
防颈寒:戴围巾、穿立领装 204
防鼻寒:晨起冷水搓鼻 204
防肺寒:喝热粥散寒 204
防腰寒:双手搓腰暖肾阳 204
防脚寒:常泡脚或足浴 205
第三节 动静有度,形与神俱 205
第四节 情志调适,因人而异 206
第五节 易感病症,辨证施护 206
立冬后易患疾病 206
立冬后谨防中风 206

主要参考文献 209

 立 春

 健康小贴士

立春踏青慢太极,省酸增甘养脾气。
早起晚睡宜护肝,春捂养阳防春寒。
制怒怡情好心态,顺应气候调整衣。

　　每年 2 月 4 日或 5 日太阳到达黄经 315°时为立春,从这一天起,二十四节气又开启了一个新的轮回。立春,顾名思义,"立"是开始的意思,从这一天起,就拉开了春天的序幕。立春之后,白天开始逐渐变长,太阳光也越来越足,阳气开始生发,人们进入了一个新的气候阶段。古曰:"立春有三候,一候东风解冻,二候蛰虫始振,三候鱼陟负冰"。

　　立春之后,人类的新陈代谢也开始变得活跃起来,其中以肝、胆经脉的精气最为旺盛和活跃。所谓"百草回生,百病易发",因此人在这时候应特别关爱自己的身体,防治疾病,老年朋友尤其要防止病情加重或旧病复发。

第一节　饮食有节,四时相宜

相　宜

疏肝理气:萝卜、豆芽、香椿芽、姜芽、韭菜、菠菜等。
辛甘发散:大枣、豆豉、香菜、葱、蒜等。

益气健脾：米粥、红薯、山药、土豆、鸡蛋、鸡肉、牛肉、鲜鱼、芝麻、栗子、蜂蜜、牛奶等。

相　　抗

增酸：西红柿、柑、橙子、橘、柚、山楂、橄榄、柠檬、石榴、乌梅、鹌鹑、海鱼、螃蟹、炒瓜子等。

大热：参、茸、附子、烈酒等。

多盐易饱胀：腌制品、味精、米面团饼等。

宜甜少酸、多食辛甘发散食物

立春饮食调养要注意阳气生发的特性。在五脏与五味的关系中，酸味入肝，具收敛之性，不利于阳气的生发和肝气的疏泄，因此立春应少吃酸性食物，宜多吃辛甘发散之品。其中，最值得一提的是萝卜。中医认为，萝卜生食辛甘而性凉，熟食味甘性平，有顺气、宽中、生津、解毒等功效。常食萝卜不但可解春困，而且可理气、祛痰、通气、止咳、解酒等。

宜常吃芽菜

立春吃芽菜有助于人体阳气的生发，因为这些植物的嫩芽具有将植物内的陈积物质发散掉的功效。如果人体的阳气发散不出来，可借助这些嫩芽的力量来帮助发散。近年研究发现，芽菜中含有一种能诱生干扰素的物质，有利于增强机体抗病毒、抗癌肿的能力。

少吃补品和盐

立春后进补要适度。一年四季有"春生、夏长、秋收、冬藏"的特点，人生于自然，就应顺应自然规律。立春之后的这段时间里，不论是食补还是药补，进补量都要逐渐减少，以便逐渐适应即将到来的春季舒畅、生发、条达的季节特点。

减少食盐摄入量也很关键,因为咸味入肾,吃盐过量易伤肾气,不利于保养阳气。

 立春时节推荐几款粥

红枣粥

煮法:红枣50克,粳米100克,同煮为粥,早、晚温热服食。

功效:红枣性平和,能养血安神。

适用人群:久病体虚、脾胃功能薄弱者服食。

薄荷粥

煮法:薄荷15克,粳米60克为粥。待粥将成时加入冰糖适量,再煮沸即可。可供早、晚餐温热服食。

功效:辛能发散,凉能清利,专于疏风散热。

适用人群:中老年人食之可清心怡神,疏风散热,增进食欲,帮助消化。

枸杞粥

煮法:枸杞50克,粳米100克,同煮成粥,早、晚随量食用。

功效:性味甘平,可补肝肾不足,治虚劳、阳痿、咳嗽久不能愈者,可降血糖、胆固醇,护肝、促进肝细胞新生。

适用人群:糖尿病、动脉粥样硬化、慢性肝炎、夜盲症、营养不良、贫血等患者。

第二节　起居有常，不妄劳作

起居歌谣

> 早起晚睡以养肝；春捂秋冻捂"两头"。
> 梳头百下寿自高；温水泡脚解春困。

早起晚睡以养肝

立春以后的睡眠应遵循"晚睡早起，与日俱兴"的原则。但晚睡也要有个度，一般不能超过 23 点，起床时间可比冬季稍晚些。

春捂秋冻捂"两头"，老年人穿衣有讲究

冬去春来，乍暖还寒，人体防卫体系处于"冬眠"初醒之际，切记不要急于脱掉棉衣，而要因人因时制宜，随天气变化逐步递减。因为寒多自下而生，所以春天着装以遵循"下厚上薄"的原则为好。但是"春捂"也要有度，如果衣服穿得过多，甚至"捂"出了大汗，冷风一吹后反而容易着凉"伤风"。由于春天的风比冬天的风要柔和一些，老年朋友可以选择一些既挡风寒又透气保暖的宽松衣着。

"捂"的重点部位应是背、腹、足底。"捂"背部可预防感冒的发生；"捂"腹部可以保护脾胃，预防消化不良和腹泻；"捂"脚可预防"寒从脚下起"，保护人体阳气。

老年人气弱，骨疏体怯，风冷易伤腠理，更应时时备件夹衣，遇冷加衣服，遇暖一件一件脱，不要一下子减衣。

梳头百下寿自高

春季每天梳头是很好的养生保健方法。因为春天是自然阳气生发的季节，这时人体的阳气也顺应自然，有向上向外生发的特点，表现为毛孔逐渐舒展、代谢旺盛、生长迅速。春天梳头有宣行郁滞、疏利气血、通达阳气的重要作用。老年朋友每日梳头一两百

下,有助于延年益寿。

🌳 温水泡脚解春困

春天泡脚可以"生阳固脱",生发阳气,对解除疲劳、治疗失眠非常有效。泡脚宜在睡前,水温保持在40℃左右,泡20分钟左右,等到身体微微出汗时就可以上床睡觉了。

第三节　动静有度,形与神俱

春天是锻炼身体的最佳时节。但是,春练要因人制宜,合理适度,不要选择剧烈的运动,以免损伤人体阳气。

运动要量力而行,注意安全和防寒保暖,并避免过于劳累。有心脏病、高血压病的老年朋友切勿登山;有慢性病的老年朋友出门要备好药;有花粉过敏的老年朋友要防止引起过敏性鼻炎和过敏性哮喘发作。

散　步

众多寿星的长寿秘诀之一就是每日都有一定的时间散步,尤其重视春季散步,因为春季气候宜人,万物生发,更有助于健康。散步要不拘形式,因人而异,同时也应注意要找空气新鲜、环境安静之处。散步可以自己掌握快慢,走一段歇一段,采取快慢相间的步伐。散步时可擦擦双手、揉揉胸腹、捶捶腰背。

在漫步时,可以做做揉肺运动。肺经在我们手臂的内侧,它经过肩窝向下延伸到大拇指,所以取它上下两端的穴位来按摩就会有很好的效果。而且这两个穴位比较好找,一个是在肩窝位置的中府,另一个是大拇指的少商穴,可以在每天早晨起床时用手半握拳各敲100遍。

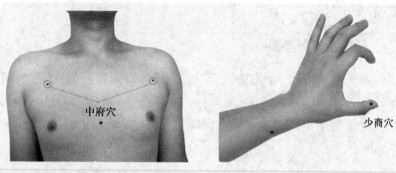

中府穴　　　　　　　　　　　　　　少商穴

　　散步要点：散步要选择合适的时间，不宜在饭后立即出行；老年人不宜空腹散步；坚持每周散步3次，每次45~60分钟；散步时衣着要宽松。

慢　　跑

　　这是一种简便而实用的锻炼项目，对改善心肝功能、提高身体代谢能力和增强机体免疫力、延缓衰老有良好的作用。

　　慢跑要点：慢跑前应做3~5分钟的热身运动，跑步速度掌握在100~200米/分，每次锻炼时间为10分钟左右。锻炼时间以早晚为宜。

放 风 筝

　　这是一种集休闲、娱乐和锻炼为一体的活动。通过手、眼和四肢配合的活动，可以舒缓经络、调和气血、强身健体，对视力减退、失眠健忘、肌肉疲劳、心情抑郁等均有一定作用。

　　放风筝要点：最好结伴而行，宜选择平坦空旷的地方进行。

第四节　情志调适，因人而异

五行"金、木、水、火、土"中有"木"，肝属"木"，"木"的物性是生发，肝脏也具有这样的特性。因此，从情绪上讲，以明朗的心境迎接明媚的春光是有利于肝脏的。所以从立春开始，在精神健康方面要力戒暴怒，更忌情怀忧郁，要心胸开阔。乐观向上、注重精神调养对健康很有益。在春季进行精神调养时，除保持精神上的安静以外，还要学会及时调整不良情绪，警惕心理疾病。

多晒太阳有利于调适情绪

当处于紧张、激动、焦虑、抑郁等状态时，应尽快恢复心理平静。身体要放松，要舒坦自然，使情志"生"发出来。有效的方法是让自己多晒太阳以延长光照时间，这是调养情绪的天然疗法。

春季预防肝火旺有妙法

春季易发生肝火旺现象，要注意护肝养肝。除饮食护肝粥外，还应多喝养肝茶(如蜜糖红茶、葱白姜茶等)、压护肝穴(如膻中穴、足三里，可补肝强肾，固护脾胃，增强免疫力)等。

膻中穴位于前正中线上，两乳头连线的中点。压护肝穴能防治胸部疼痛、腹部疼痛、心悸、呼吸困难、咳嗽、呃逆等。

足三里在外膝眼下三寸，胫骨外侧约一横指处。以左腿为例，坐椅上，用右手掌按膝盖骨正中央，轻抓膝盖，中指沿胫骨伸长，在中指尖水平画线，与食指方向延长线交汇处即是。压护足三里可防治呕吐、噎膈、腹胀、泄泻、痢疾、便秘、乳痈、肠痈、下肢痹痛、水肿、癫狂、脚气、虚劳羸瘦等。

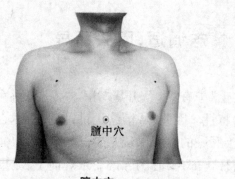

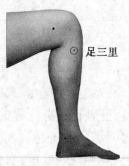

膻中穴

足三里

第五节　易感病症,辨证施护

立春后易患疾病

呼吸系统疾病:流感、流脑、急性支气管炎、肺炎、支气管哮喘、麻疹、猩红热。

心血管系统疾病:高血压、冠心病、偏头痛。

免疫系统疾病:过敏性鼻炎、皮炎、风疹。

精神系统疾病:精神分裂症、抑郁症。

几种易患疾病的预防方法

流感:常用淡盐水漱口杀菌;用食醋熏蒸室内灭菌并开窗通风;用冷水洗面、用热水浴足,可提高抗病能力;以生姜、红糖煮水代茶饮用;调整工作节奏,避免过度劳累,每天早睡早起,保证睡眠时间,免得无精打采、昏昏欲睡的"春困"找上门来;发现流感病人,应立即隔离治疗,避免造成传染。

心脑血管疾病:在"倒春寒"的天气中,人体受到低温刺激,会出现交感神经兴奋,令全身毛细血管收缩,使心、脑负荷加重,引起血压升高、脑部缺血缺氧,加速血栓形成;同时由于春季气候干燥,人体消耗水分多,容易导致血液黏稠、血流减慢,因此春季容易发生心脑血管病。心脑血管疾病是人类的第一杀手,初春时节老人要特别注意预防心脑血管疾病,做到合理膳食、适量运动、及时补充水分,并注意心理平衡。

过敏性鼻炎:春天百花齐放,花香四溢,正是花粉症的高发季节。染花粉症的病人首先要到医院做过敏源试验,确诊后要避免与过敏源接触,用抗过敏药物可以减轻症状。在每年发病期前1~2周用抗敏药物,可起到预防效果。其次,有过敏史者在花开季节应避免或少到野外活动,并尽量不在室内养花。

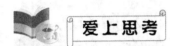

1. 立春后在饮食上宜多食哪类食物?

2. 立春后的“春捂”该如何捂?

3. 立春时节主要呵护哪个脏器?

4. 立春运动的原则和主要方式有哪些?

5. 春天建议多散步,散步时可拍打哪几个穴位?

6. 立春后对于暴怒、抑郁等情绪有哪些放松小妙法?

(俞红,俞琴)

雨　水

健康小贴士

雨水时节寒湿重，百草回芽病易发。
饮食调节脾胃暖，适当锻炼导引功。
心存淡泊制怒平，春捂涵阳防疫病。

　　立春后十五日，即每年的 2 月 19 日前后太阳黄经到达 330°时为"雨水"。雨水节气仍然处于乍暖还寒的初春，也标志着一年中雨量增多的开始，之后空气中水分增加，草木复苏。我国古代将雨水分为三候："一候獭祭鱼，二候鸿雁来，三候草木萌动。"意思是说，雨水节气一到，水獭开始捕鱼了，它们将鱼摆在岸边如同先祭后食的样子；五天过后，大雁开始从南方飞回北方；再过五天，在"润物细无声"的春雨中，草木随地中阳气的升腾而开始抽出嫩芽。从此，大地渐渐开始呈现出一派欣欣向荣的景象。雨水节气过后，我国大部分地区已无严寒，也不多雪，但此时冷空气活动仍很频繁，不时会有寒潮出现；雨量也渐渐增多，人们容易或因雾露、或因淋雨、或因地处潮湿，肌表经络为湿所侵。

第一节　饮食有节，四时相宜

相　宜

多辛：姜芽、韭菜、香椿、香菜、葱、蒜等。
多温：大枣、豆豉、麦、枣、粟等。

多甘：百合、豌豆苗、茼蒿、荠菜、春笋、山药、藕、芋头、萝卜、荸荠、甘蔗、蜂蜜、牛奶等。

相　　抗

增酸：乌梅、酸梅等。

生冷：冰冻速食等。

增油腻：肥肉、羊肉、狗肉等。

宜少酸增甘以养脾

雨水节气宜少吃酸、多吃甜味食物以养脾。中医认为，春季与五脏中的肝脏相对应，人在春季肝气容易过旺，太过则克己之所胜，肝木旺则克脾土，会对脾胃产生不良影响，妨碍食物的正常消化吸收。因此，雨水节气在饮食方面应注意补脾。甘味食物能补脾，而酸味入肝，其性收敛，多吃酸味不仅不利于春天阳气的生发和肝气的疏泄，而且还会使本来就偏旺的肝气更旺，对脾胃造成更大伤害。

多吃新鲜蔬菜和多汁水果以补充水分

春季气候转暖，然而风多物燥，常会出现皮肤和口舌干燥、嘴唇干裂等现象，故应多吃新鲜蔬菜、多汁水果以补充人体水分。老年人可多进食糖分含量较少的果蔬。

多食粥以养脾胃

地　黄　粥

取鲜地黄150克，捣汁备用；粳米50克洗净，冰糖适量，同入锅中加适量水。煮成粥后，将鲜地黄汁倒入粥内，再文火煮20分钟即可。

11

防 风 粥

用以祛四肢之风。取防风一份,煎汤去汁煮粥。

紫 苏 粥

取紫苏一份,炒至微黄,略有香气时,煎汁煮粥。

第二节　起居有常,不妄劳作

起 居 歌 谣

衣着当以"捂"为首;亥时睡觉百脉通。
防寒防湿暖关节;按摩腹部加提肛。

衣着当以"捂"为首

雨水时节尚属早春,此时天气乍暖还寒,气温尚低,且昼夜温差变化大,湿度增加。雨水时气温虽然不像寒冬腊月时那么低,但由于天气转暖,人体的毛孔开始打开,对风寒之邪的抵抗力有所降低,故不宜急于脱去冬衣,要注意防寒保暖。

亥时睡觉百脉通

民间有句俗语:"立春雨水到,早起晚睡觉。"中医认为,雨水节气与人体的手少阳三焦经相对应。手少阳三焦经在亥时(21～23点)为最旺。亥时三焦能通百脉,三焦是六腑中最大的腑,具有主持诸气、疏通水道的作用。在中国传统文化中,亥时是十二时辰中最后一个时辰,被称为"人定",其含义为:夜已很深,此时是安歇睡眠的时间,人们应该停止活动了。人如果在亥时睡觉,百脉可得到最好的休养,对健康十分有益。

🌳 防寒防湿暖关节

雨水时节,不宜用冷水洗脸、洗手。春季天气湿冷犹存,洗头后应该及时用电吹风吹干。否则,水湿留于发际再变凉,很容易使湿寒聚于头,由表及里深入颅内,导致头痛。尤其是如果洗完头就赶着出去,毛发未干又被冷风吹过,就很容易出现"偏头风"的症状。

素有关节疼痛的老年人,更应重视颈、肩、腰、腿等部位关节的保暖,以免寒湿之邪外侵而引发疾病,最好用上护腕、护膝。

🌳 按摩腹部加提肛

随着雨水节气的到来,人体会顺应春天阳气生发、万物始生的特点,逐渐从"秋冬养阴"向"春夏养阳"过渡。但这个时节很多人的睡眠往往不好,这都是因为阳气没有养护好所致,表现为阳虚怕冷、睡不着还伴有多梦。那么,如何在睡觉前养护我们体内的阳气呢?按摩腹部和提肛锻炼不失为一种好方法。

腹部按摩

仰卧,以肚脐为中心,用手掌在肚皮上按顺时针方向旋转按摩200次左右即可。这样做一是有利于促进消化,排除脾胃湿毒;二是有助于腹部的保暖,改善睡眠质量。

提 肛 法

平躺于床上,两手并贴大腿外侧,两眼微闭,全身放松,以鼻吸气,缓慢匀和,在吸气的同时提起肛门(包括会阴部)。肛门紧闭,小肚及腹部稍用力同时向上收缩,稍停2~5秒钟,放松,缓缓呼气。呼气时,腹部和肛门要慢慢放松。这样一紧一松,完成9次,可起到固精益肾、振奋阳气的作用。一般若能坚持提肛1年以上,效果就会显现。

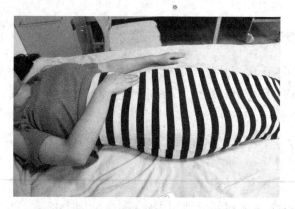

腹部按摩

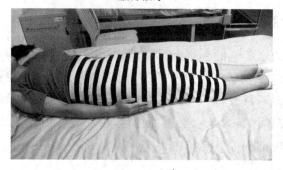

提肛运动

第三节　动静有度,形与神俱

 柔和运动

　　雨水节气在早春,此时早晚仍然较为寒冷,雾气大,不宜做过于激烈的运动,以免因为体内能量(中气)消耗太过而失去对肝气的控制,导致肝气过剩而出现发热、上火等症状。老年人可以做些散步、打太极拳等较轻松的运动,让肝气慢慢地上升。

运动要点：最好不要过早晨练，一些喜欢早上五六点钟就起床锻炼的中老年人应晚些出门，最好与太阳同起床，在气温稍高时进行一些柔和的锻炼。

保暖防寒

春天气候变化反复，天气忽冷忽热，在初春乍暖还寒的气温条件下，健身运动活动量过大、出汗过多，一旦被冷空气吹拂而又没有及时做好保暖措施，就很容易受凉感冒和诱发各种呼吸道疾病。

健康要点：春天开始锻炼时不宜立即脱掉外衣，要等身体微热后再逐渐减衣。锻炼结束时，应擦净身上的汗液，立即穿上衣服，以防着凉。

循序渐进

要以恢复身体机能为主要目的，循序渐进、因人制宜。

健康要点：锻炼前应先做做关节活动、拉拉韧带，做些简单的四肢运动。运动前做充分热身的准备活动，可以让肌肉和韧带得到充分的放松。

雨水节气小运动——叩齿法

雨水时节，除了可以进行体育锻炼之外，还可进行养生小运动——叩齿，常练此功法可改善咽喉干肿、呕吐、呃逆、喉痹、耳聋、多汗、面颊痛等症状。

叩齿养生宜在刷牙或漱口后进行，具体做法是：先叩盘牙、再门牙、后犬齿各36下，漱津几次，待津液满口时分3次咽下，意念想把津液送至丹田。如此漱津3次，一呼一吸为一息，如此36息而止。

15

第四节　情志调适,因人而异

> 静心则气血平稳,既不会扰乱心血,也不会损伤心气。
> 静心则心气充沛,如此方能滋养脾脏,养脾得以健胃。

雨水节气天气变化不定,很容易引起人的情绪波动,使人精神抑郁、忧思不断,对健康造成较大影响。尤其对一些患有慢性疾病的老人,如高血压、心脏病、哮喘患者更是不利。比如,我们如果在吃饭前与人发生争执或发生其他不愉快的事,就会有"气饱了"的感觉,这时若强制进食,很可能会产生恶心、呕吐等症状。因为低落的情绪可使人的中枢神经受到抑制,而使交感神经兴奋,导致各种消化液分泌减少,还可使消化系统肌肉活动失调,造成食欲降低、恶心、呕吐等症状。因此,雨水节气的情志调适至关重要。应尽量调整心态,做到心情恬淡、开朗豁达、与人为善。遇到不顺心的事也不要冥思苦想钻牛角尖,而应力争及时从不良情绪中摆脱出来。肝喜顺畅而恶抑郁,只有保持心平气和的状态,才能使肝气平稳,脾胃也才得以安宁。

第五节　易感病症,辨证施护

雨水后易患疾病

呼吸系统:腮腺炎、肺炎、感冒。
消化系统:脾胃不适、消化不良。
骨关节系统:骨关节病。
心血管系统:高血压、心肌梗死、心律失常。

雨水时节预防风寒感冒、润肺的最佳处方

经络方：在身体特定部位——肺经有节奏地拍打，拍出痧后喝一杯温开水。

食疗方：枸杞、黄芪和菊花泡茶喝。

瑜伽方：每日练习"莲花凌波式"。

莲花凌波式

双腿交叉坐于毯上曰莲花座，双手撑起身体两侧曰凌波式，量力而行晃秋千谓莲花凌波式。

莲花凌波式

 爱上思考

1. 雨水时节宜养脾脏，在饮食中如何调理？
2. 雨水后应如何防寒防湿？
3. 雨水时节运动的总原则和健身小运动是什么？
4. 雨水节气天气变化不定，如果出现精神抑郁该如何排解？
5. 雨水润肺的三个处方是什么？

（俞红，俞琴）

惊　　蛰

 健康小贴士

> 惊蛰天暖地气开,平和肝气重养阳。
> 润肺健脾食野菜,戒酸增辛助肝肾。
> 多练静功防冷风,平心忌怒肝脾祥。

　　每年3月5日或6日太阳到达黄经345°时为"惊蛰",惊蛰是二十四节气中的第三个节气。惊蛰是反映自然物候现象的一个节气。我国古代将惊蛰分为三候:"一候桃始华,二候仓庚(黄鹂)鸣,三候鹰化为鸠",意思是:天气回暖,春雷始鸣,惊醒了蛰伏于地下冬眠的昆虫。从气候特点看,惊蛰后气温明显上升,是全年中气温回升最快的节气,同时也是各种病毒和细菌活跃的季节。

　　惊蛰时节人体的肝阳之气渐升,阴血相对不足,人的生活起居应顺乎阳气的升发、万物始生的特点,使自身的精神、情志、气血也如春日一样舒展畅达。这时气候虽日趋暖和,但阴寒未尽,降雨量也偏多,突如其来的冷空气较强,早晚与中午的温差较大,"乍暖还寒"是本节气的典型特征。

第一节　饮食有节,四时相宜

饮食宜忌

多食温热之物祛风寒,如洋葱、魔芋、香菜、生姜、葱等。

多食野菜之物益健康,如荠菜、二月兰、蒲公英、苦菜、蕨菜等。

多食润肺之物防过燥,如梨、胡萝卜、莲藕、荸荠、百合、银耳、蘑菇、鸭蛋等。

多食清淡食物防疫病,如糯米、芝麻、蜂蜜、乳品、豆腐、鱼、蔬菜等。

多食甘味之物以健脾,如黑米、高粱、燕麦、南瓜、扁豆、红枣、桂圆、核桃、栗子等。

多饮多汁之物清火脂,如温开水、蜂蜜水、绿茶、菊花茶等。

少食酸涩生冷食物,如醋、山楂、海蜇等。

🍀 适当多吃温热健脾食物

惊蛰时天气虽然有所转暖,但余寒未清,在饮食上宜多吃些温热的食物。这些食物性甘味辛,不仅可祛风散寒,而且能帮助抑制春季病菌的滋生。

🍀 多食野菜益健康

惊蛰以后,野菜陆续上市。野菜吸取大自然之精华,营养丰富,尤其富含维生素 C 及大量解毒消炎成分,能增强免疫力,抵御细菌和病毒侵害。有些野菜本身就是药材,适当多食有益健康。

🍀 多食润肺之物防过燥

惊蛰时节,气候比较干燥,很容易使人口干舌燥、外感咳嗽,故民间素有惊蛰吃梨的习俗。生梨性寒味甘,有润肺止咳、滋阴清热的功效。梨的吃法很多,比如生食、蒸、榨汁、烤或者煮水,特别是冰糖蒸梨对咳嗽具有很好的疗效,而且制作简单方便,平时不妨把它当作甜点食用(糖尿病患者忌用)。

多吃清淡食物防疫病

惊蛰节气是传染病多发的日子,要预防季节性传染病的发生。饮食调养原则是保阴潜阳,多吃清淡食物。饮食宜"清补平淡",即多吃富含植物蛋白、维生素的清淡食物,可增强体质,抵御病菌的侵袭。

多吃省酸增甘以健脾

惊蛰时还应遵循"春日宜省酸增甘,以养脾气"的养生原则,多吃些性温味甘的食物以健脾。

祛火清脂,晨起一杯水

惊蛰也是容易上火的季节,如果遇上少雨干旱,体质更易偏燥。此时最好能"晨起一杯水",不仅可以帮助排除毒素,还能维持皮肤黏膜的完整性,构成抵御感染的屏障。

第二节　起居有常,不妄劳作

起居歌谣

夜卧早起,缓解春困;亥时睡、寅时起利阳气舒发;
适宜春捂,百病难碰;乍暖还寒时,衣服增减同气候;
春日暖阳,强筋舒心;晒晒日光浴,补钙又健康。

夜卧早起，缓解春困

进入惊蛰以后，随着天气的转暖，人们时常会感到困倦无力、昏昏欲睡，这也就是民间所说的"春困"。早晨5点起床可使体内阳气得以舒发，晚上以21点左右睡眠为宜。应每天保证充足的睡眠时间，才能迎合春天之朝气，令人精神焕发，这样既能缓解"春困"，也有利于消除老年人的暮气。

适宜春捂，百病难碰

人的衣服增减应同气候的变化相适应，惊蛰节气尚须继续"春捂"，但应当根据个人体质的感觉，掌握适宜"春捂"的尺度。尤其是老年人，在此节气中不要因天气变暖而将衣服减得过少。此时宜常开窗通风，保持居室内空气流通。但也应防止虫类乘机入室为害，注意清除越冬病原菌和越冬之害虫。

春日暖阳，强筋舒心

晒太阳是养阳气最简单且最实用的方法。可选择阳气最旺盛的中午时段，让皮肤接触阳光，这样既有助于体内营养吸收，又能帮助提高身体抗病力，还能使人心情舒畅。

● 晒后背，脾胃和

前为阴，后为阳，晒后背能起到补阳气的作用。阳气虚弱会让人手脚冰凉，还常伴有脾胃不适。春天晒晒后背，能驱除脾胃寒气，有助于改善消化功能。

● 晒双腿，不抽筋

到了这个时节，老年人的"老寒腿"应该常出来晒晒。晒双腿不仅能很好地驱除腿部寒气，有效缓解小腿抽筋，而且能加速腿部钙质的吸收，让双腿骨骼更健壮，很好地预防骨质疏松。尤其是有风湿性关节炎的老年人，春天晒太阳能活化血脉，缓解病情。

● 晒头顶,补钙生发

太阳晒过头顶,能充分促进钙的吸收。

第三节　动静有度,形与神俱

 慢运动,畅胸怀

惊蛰后宜常动肢体,可打打太极拳、散散步、外出踏青、郊游、放风筝等也都是不错的选择。这些活动对增强体质、畅达心胸、提高人体抗病能力十分有益。计划外出旅游的北方老年朋友,适宜前往温暖的东南方各地游览。

活动要循序渐进,不宜太过激烈。

 文运动,静心气

老年人起床后在空气新鲜的地方进行适当的运动,有利于促进新陈代谢。早上宜定时排便,按时有序地进行居家作息。在居室休闲,不可长时间蜗居沙发观看电视节目,因为这样对人身筋骨和眼睛不利,而且电磁波的辐射还会影响脑体。建议读书写作,挥毫泼墨,绘画或练习书法,实施文化健身。

静以修身,简以养生,动静结合,张弛有度。

 练坐功,以健身

练坐功具体方法是:每天清晨,盘腿坐,两手握拳。头向左右缓缓转动各 4 次。两肘弯曲,前臂上抬至与胸齐平,手心朝下,十指自然蜷曲,两肘关节同时向后顿引,还原,如此反复做 30 次。然后上下齿相叩,即叩齿 36 次,漱津几次,待津液满口时分 3 次咽下,意念想把津液送至丹田。如此漱津 3 次,一呼一吸为一息,如此 36 息而止。

常练此功法可改善腰脊脾胃蓄积之邪毒以及目黄口干、齿鼻出血、头风面肿、喉痹、暴哑、目暗畏光等症。

第四节　情志调适,因人而异

> 闭目养神身心放松,栽花种草气血平和。
> 养鱼养鸟涵养性情,郊外踏青疏肝理气。
> 发泄转移怒气消除,情志养生力戒焦躁。

惊蛰时春阳上升,易致人体肝阳偏盛,若不注意滋肝养血,可导致肝火过旺。尤其是老年人,可能会引起易怒、眩晕、目胀以及发生血压波动和中风等疾病。此时应避免太过急躁,别为小事生气动怒,尽量保持心境平和。如果控制不好自己的情绪,则易出现怕热出汗等症状。要做好惊蛰时节的情志调适,首先要认清个人体质,然后再根据自身的体质对症而行。

阴虚体质

阴虚体质的人性情急躁,常常心烦易怒,这是阴虚火旺、火扰神明之故,应遵循"恬淡虚无,精神内守"的情志调适方法,加强自我涵养,养成冷静、沉着的习惯。少参加争胜负的文体活动,节制性生活。

阳虚体质

阳气不足的人常表现出情绪不佳,善恐或善悲。这种体质的老年朋友要善于调节自己的情绪,多听音乐,多交朋友。

血淤体质

血淤体质的人多有气郁之症,培养乐观情绪至关重要。精神愉快则气血和畅,经络气血的正常运行有利于血淤体质的改变。

反之,则苦闷、忧郁会加重血淤倾向。

第五节　易感病症,辨证施护

惊蛰后易患疾病

呼吸系统：流感、感冒。

心血管系统：冠心病、高血压。

传染病：甲型肝炎、流行性出血热、流行性脑脊髓膜炎、腮腺炎。

皮肤病：麻疹、水痘、风疹、过敏性皮炎。

防感冒和流感

预防为主,应适量增减衣着,体弱者少去公共场所,保持室内通风,中午时分可多晒晒太阳,夜间娱乐活动要适度。

普通感冒和流感均源于病毒感染,且以上呼吸道症状为主,个别体质弱者及老年人可引发气管及肺炎、肾炎、心肌炎等疾病,因此不可小视。

易感者还可用姜片煮水,加入适量红糖饮用来做预防。

重视几种严重的致命疾病

甲型肝炎：在接触甲型肝炎病人半个月至 1 个月后的时间里,凡出现发热、饭后恶心、呕吐、乏力、面黄、小便像浓茶等症状时,应及时诊治。

流行性出血热：一旦出现突然畏寒,继之高热、面红、颈红、胸肩部红、貌似醉酒,伴有头痛、眼眶痛、腰痛和皮肤黏膜有出血点的症状,应及时诊治。

谨防皮肤病的发生

惊蛰也是风疹、麻疹、过敏性皮炎多发的时节,体质弱的老年朋友尽量少到人多拥挤的公共场所,外出时最好戴上口罩。家庭、集体宿舍等室内环境要经常开窗通风。对花粉等过敏者,此时应尽量减少外出,即使外出也要戴上口罩、墨镜等。减少皮肤的暴露,多食新鲜蔬菜,禁食虾、蟹等易致过敏食物。

 **爱上思考**

1. 惊蛰后易发哪几种严重疾病?该如何预防?
2. 惊蛰后的润肺食品哪些?
3. 惊蛰后如何根据不同体质进行情志调理?
4. 惊蛰后可以进行哪些慢运动、文运动?

（俞红,俞琴）

春　分

健康小贴士

春分阴阳宜平和,寒热均衡多食枣。
梳头百下节房事,保暖防感挂香囊。
明媚春光情志畅,调和阴阳第一桩。

春分,古时又称为"日中"、"日夜分"、"仲春之月",逢每年3月20日或21日当太阳到达黄经0°(春分点)时开始。因这一天昼夜长短平均,正当春季九十日之半,故称"春分"。中国古代将春分分为三候:"一候元鸟至,二候雷乃发声,三候始电。"意思是说,春分日后,燕子便从南方飞来了,下雨时天空便要打雷并发出闪电。春分一到,雨水明显增多,我国平均地温已达到10℃以上。春分也是一年四季中阴阳平衡、昼夜均等、寒温各半的时节,所谓"春分者,阳阳相半也,故昼夜均而寒暑平"。在精神、饮食、起居等调摄上,宜适应阴阳平衡规律,协调机体功能,达到内外的平衡状态,使人体这一有机的整体始终保持一种相对平静、平衡的状态。

第一节　饮食有节,四时相宜

饮食宜忌

多食时令蔬果,如春笋、菠菜、芹菜、韭菜、莴苣、葱、豆苗、蒜苗、木耳菜、油菜、樱桃、草莓等,以得天地之精气。

多食甘甜祛湿之品,如大枣、蜂蜜、鸡肉、薏苡仁、山药、鲫鱼、赤小豆等,以健脾养肝。

忌偏热、寒、升、降，少食鸭肉、兔肉、河蟹、韭菜、大蒜等，以调平衡。

忌偏热、偏寒、偏升、偏降

饮食宜寒热均衡。在此节气的饮食调养应当根据自己的实际情况，选择能够保持机体功能协调平衡的膳食，忌偏热、偏寒、偏升、偏降的饮食误区。如在烹调鱼、虾、蟹等寒性食物时，宜佐以葱、姜、酒、醋类温性调料，以防止本菜肴性寒偏凉，食后有损脾胃而引起脘腹不适。又如在食用韭菜、大蒜、木瓜等助阳类菜肴时，宜配以蛋类滋阴之品，以达到阴阳互补的目的。

多食时令蔬果

两千多年前的孔子就告诫我们"不时，不食"，就是说，不是当令的菜果就不吃。时令菜也是"运气菜"。食物一要讲究"气"，二要讲究"味"。因为食物和药物都是由气味组成的，而药物、食物的气味只有在当令时才最佳，即符合节气而生长成熟的食物才能得天地之精气。

多食甘甜祛湿之品

春分时肝气旺，易乘克脾土，加之此时节雨水渐多，空气湿度比较大，易使人脾胃损伤，导致消化不良、腹胀、呕吐、腹泻等症，故饮食上应注意健脾祛湿。在中医里，甘味食物能滋补脾胃，红枣和蜂蜜就是不错的选择。酒伤肝肠，因此春季更不宜饮酒。菊花茶、金银花甚至白开水才是适合春季的佳饮。

红 枣

春天，人们的户外活动比冬天增多，体力消耗较大，需要的热量增多。但此时脾胃偏弱，胃肠的消化能力较差，不适合多吃油腻的肉食，因此所需热量可适当由甜食供应，而红枣正是这样一味春季养脾佳品。

蜂　蜜

中医认为蜂蜜味甘,入脾、胃二经,能补中益气。春季气候多变,天气乍暖还寒,人比较容易感冒。蜂蜜含有多种矿物质和维生素,还有清肺解毒的功能,能增强人体免疫力,是春季最理想的滋补品。很多老年人由于肠道津液减少容易便秘,如果在春季能每天饮用1~2匙蜂蜜,以一杯温开水冲服或加牛奶服用,不仅能润肠通便,对身体也有滋补的作用。

第二节　起居有常,不妄劳作

起居歌谣

勿极寒,勿太热,适时添衣物,下厚上薄最适宜。
宜多晒,宜梳头,多晒多梳头,祛散寒邪助升发。
开门窗,勤打扫,空气保清新,预防呼吸性疾病。
佩香囊,防疾病,香囊随身挂,细菌病毒不敢侵。
节房事,安平和,适当控房事,生活平和养生道。

适时添衣物,下厚上薄最适宜

在起居方面,春分时节天气日渐暖和,但日夜温差较大,而且不时还会有寒流侵袭,天气变化较大,雨水较多,甚至阴雨连绵。此时,要注意添减衣被,"勿极寒,勿太热",穿衣可以下厚上薄,注意下肢及脚部保暖,最好能够微微出汗,以散去冬天潜伏的寒邪。抵抗力差的老人更应注意适时增减衣物,以免穿脱不当引起感冒。注意春"捂",要随着气温升高逐渐减衣服。此时头部要少捂。

多晒多梳头,祛散寒邪助生发

春分后阳气上升,早起时多用梳子或者手指梳头,可以刺激头部诸多经穴,有助于梳理阳经,利于阳气生发,从而令气血流通,使人神清气爽。

空气保清新,预防呼吸性疾病

保持室内外卫生,角落和阴暗死角的污垢都要清扫干净,并经常消毒,以杀死病菌或病毒,减少传染病的扩散。

香囊随身挂,细菌病毒不敢侵

我国民间自古就有佩戴香囊的风俗习惯。所谓香囊,就是将芳香药如苍术、吴茱萸、艾叶、肉桂、砂仁、白芷等制成药末,装在特制的布袋中,佩戴在胸前、腰际、脐中等处。

春分时天气转暖,各种细菌、病毒异常活跃,流感、水痘、甲型肝炎、肺炎等疾病高发。通过佩戴香囊,可以有效防治春季流行病。这是因为,香囊中的芳香药通过肌肤、穴位、经络等途径"渗入"人体,能起到活血化瘀、平衡阴阳的作用。

香囊适用于各类人群,老年人佩戴香囊不仅有助于防治心脑血管疾病,还可调节气机、疏通经络,使气血流畅、脏腑安和,从而增强机体免疫力,起到防病保健作用。

适当控房事,生活平和养生道

由于经过了寒冬,人体各项机能在春天开始活跃起来,性腺也不例外,再加上春天暖和,人的活动能力也增强,所以此时人的性欲会特别旺盛。在春天这样容易产生性冲动的季节里,老年人性生活的频率宜每两周 1 次。当然,主要还是要根据自身体质状况和生活习惯而定。

另外,春季是肝经主气,肝气顺畅,性爱才能和谐,身体才能健康。其实,任何时节行房事都应保持平和愉快的心情,最忌情绪烦躁或太过压抑。

第三节 动静有度,形与神俱

春光明媚,草木葱郁,正是走出户外疏泻肝气的健身好时光。

🌳 运动不宜太过激烈

运动能使人体气血通畅,吐故纳新,强身健体。但由于此时人们刚从冬季的寒冷中舒缓过来不久,因此外出运动锻炼需要循序渐进,不可太过激烈,以免身体不适应。此时最好能常到户外活动,如踏青、登山以及做操、散步、打太极拳等。

运动时,呼吸清新空气也有利肝气疏泻,从而起到护肝养肝的作用。

🌳 平常运动做烦了,不妨按摩穴位来养生

因为肝胆相表里,肝经为阴,胆经为阳,取"生发阳气之意",故春季按摩养生以胆经为主,自下而上,循经按摩,以达到疏肝理气的作用。介绍一款自我保健按摩手法如下:

> 弯腰,双手分别拍打两小腿外侧,自外脚踝至膝关节外侧,以阳陵泉、阳交、绝谷为主,拍打5～10遍,每遍2分钟,以局部微感疼痛为宜,频率为100次/分钟。
>
> ↓
>
> 半弯腰,拍打大腿外侧,自膝关节外侧至臀部,以梁丘、风市、居髎、环跳为主,拍打5～10遍,每遍2分钟,以局部微感疼痛为宜,频率为100次/分钟。
>
> ↓

胆经图

伸直腰部直立位,拍打腹部两侧、胸廓两侧,直至两乳房水平,以带脉、章门为主,拍打 5～10 遍,每遍 2 分钟,以局部微感疼痛为宜,频率为 100 次/分钟。

↓

弯腰,双手握拳,用上拳眼敲打腰部,以腰眼、命门、肾俞为主,拍打 5～10 分钟,每遍 2 分钟,以局部微感疼痛为宜,频率为 100 次/分钟。

第四节　情志调适,因人而异

忌大喜大悲,心平气和乐轻松。

勿又急又躁,和谐心态促睡眠。

多郊游踏青,顺应节气保康健。

中医认为,肝属木,喜条达,与春令生发之阳气相应。如果不注意调摄情志,肝气抑郁,则会生出许多病来。因此,春天必须顺应阳气生发的自然规律,方可使肝气顺畅条达。这就要求做到自我调控情绪,学会戒急戒怒,培养乐观开朗的性格,多些兴趣爱好。可经常抽出片刻时间闭目养神,调息放松;也可通过栽花种草、养鱼养鸟等涵养性情,消除春困,以利"春夏养阳"。

第五节　易感病症,辨证施护

 春分后易患疾病

呼吸系统:咳嗽、感冒。

消化系统:腹痛、腹泻(五更泻)。

内分泌系统：内分泌失调。

传染病：痄腮、风疹、麻疹、流行性腮腺炎、流行性感冒、百日咳。

 咳嗽

春季咳嗽多因感冒引起。在气温陡升骤降之间，许多人没有及时添加衣服，从而导致上呼吸道感染甚至气管炎，这是春季咳嗽增多的主要原因。预防上首先要注意衣服不宜脱得太快。

习惯晨练的老人，最好在太阳出来后再开始锻炼，不宜起得太早，同时要注意多穿些衣服。

平时口味重的人，这段时间宜少吃辛辣食品，包括火锅、烧烤等，建议清淡饮食，多吃蔬菜。

已经出现咳嗽症状的，可以适当吃梨，梨有生津润肺的功效（注意：梨性凉，胃寒者不宜多吃；加之其含糖分较多，糖尿病患者最好少吃）。

如果家中方便，可以用鲜百合和糯米熬粥，平时就当点心吃，也有养肺效果。

五更泻

春分本来应是阴阳平衡时节，但若是阳虚之体平衡失效，阳虚本质更易显露出来，所以常发生五更泻（又叫鸡鸣泻，特点是在天将亮时拉肚子），主要表现为餐泻，就是完谷不化的腹泻。患者如舌苔白，脉沉而弱，怕冷，腰以下发凉，可吃附子理中丸或四神丸（由补骨脂、吴茱萸、肉豆蔻、五味子4味中药组成），以温中扶阳。平时可常用干姜炖汤或吃干姜炖鸡汤。

腹痛腹泻

春分风大，中医认为风木克脾土，平素脾虚舌苔白好拉肚子的，更易出现腹痛腹泻，其特点是腹痛明显。这一时节患者最好少去户外,尤其是风大的时候更要如此。可在医生指导下服用理中丸,平时做菜也可多用干姜以温中。

1. 春分时节的饮食宜忌有哪些?在烹饪中的注意点是什么?

2. 春分后老年人在起居上应该如何养护?

3. 春分后运动不宜太过激烈,哪些运动比较适合老年人?

4. 春分时节护肝胆的穴位按摩该如何进行?

5. 春分后咳嗽患者增多,有几种施护方法?

（俞红,俞琴）

健康小贴士

清明养生节哀思,常练八段怡性情。

饮食有度五类补,慎食发物柔肺肝。

花开朗秀防哮喘,冷暖气流防春瘟。

　　清明是二十四节气中的第五个节气,自每年4月4日或5日太阳到达黄经15°时开始。清明含上清下明之意,即天空清而大地明。这个节气气温已变暖,草木萌动,自然界出现一片清秀明朗的景象。我国古代将清明分为三候:"一候桐始华,二候田鼠化,三候虹始见"。意即在这个时节先是桐树开花,接着喜阴的田鼠不见了,全回到了地下的洞中,最后是雨后的天空可以看到彩虹了。清明一到,气温升高,雨量增多。此时除东北与西北地区外,我国大部分地区的日平均气温已升到12℃以上,到处是一片繁忙的春耕景象。与其他节气不同的是,清明还是中国重要的传统节日。清明除了讲究禁火寒食、扫墓外,还有踏青、荡秋千、蹴鞠、打马球、插柳等一系列风俗活动。

第一节　饮食有节,四时相宜

相　宜

柔肝养肺:荠菜、菠菜、山药、银耳汤、五谷粥、淡菜、豆制品、动物血等。

甘温补脾：枸杞、山药、大枣、姜、蒜、韭菜等。

益肾润肺：黑米、黑芝麻、黑豆、紫菜等。

相　抗

发物：海产品、笋、羊肉、公鸡、黄鱼、鲳鱼、蚌肉、虾、螃蟹等。

多盐多脂：防油炸食品、肥肉、咸菜、腌制品等。

增辛热：麻辣火锅、辣椒、花椒、胡椒等。

五类食物最滋补

● 利肝养肺——荠菜

菜的营养价值很高，富含蛋白质、钙、磷、铁、胡萝卜素、维生素 B_1、维生素 B_2、维生素 C 等，有助于增强机体免疫力、降低血压、健胃消食，还能治疗胃痉挛、胃溃疡、痢疾、肠炎等病。据《本草纲目》载，荠菜味甘、性平，入心肺肝经，具利尿、明目、和肝、强筋健骨、降压、消炎之功。

● 利五脏、通血脉——菠菜

菠菜为春天应时蔬菜，具有滋阴润燥、舒肝养血等作用，对春季因肝阴不足所致的高血压、头晕、糖尿病、贫血等有较好的辅助治疗作用。

● 健脾补肺——山药

山药含有大量的黏液蛋白，能预防心血管系统的脂肪沉积，保持血管弹性，防止动脉硬化，减少皮下脂肪沉积，避免肥胖。山药中的多巴胺，具有扩张血管、改善血液循环的功能。另外，山药还能改善人体消化功能，增强体质。

● 渗湿和补益——银耳汤

在汤品调理中，可多用利水渗湿和补益、养血舒筋的药材，如银耳、薏仁、黄芪、山药、桑葚、菊花、杏仁等。

● 益肝除烦——五谷粥

清明时节还要多食种子植物,如燕麦、荞麦、稻米、扁豆、薏仁、花生、黄豆、咖啡豆、葵花子等。种子植物营养丰富,适当多食可益肝、除烦、去湿和胃、滑肠、补虚。老年人多食可增强抵抗力、延年益寿。

肝肺同养多喝茶

可用陈皮、菊花、桑葚泡水代茶饮。中医认为,菊花能疏风清热、平肝、预防感冒、降低血压等作用,与桑葚同泡茶喝,桑葚有养血柔肝、益肾润肺的作用,可以收到肝肺同养的效果。

祛除湿气防邪病

清明时节的天气特点是多雨阴湿,如果身体被水湿之邪侵犯,就会阻挡阳气生发。轻者精神疲倦,食欲不佳;重者则有发烧、四肢凉、身上热等症状。两者都是因为阳气被湿邪阻闭无法生发到体外所致。因此,清明时节祛湿、化湿、防湿、除湿是预防邪病的关键要素。

那么,如何对付湿邪、祛除湿邪呢?中医推荐薏米红小豆粥。

薏米红小豆粥

薏米50克,红小豆250克,水适量,共煮成粥。

着凉感冒或体内有寒者,可在薏米红小豆粥中加几片生姜,生姜性温,能温中祛寒、健脾和胃。

体质偏寒者,可以加一点温补的桂圆、大枣,它不仅可以驱散我们体内的湿气,而且带给我们生机与温暖,特别适合中老年人。

省酸增甘,养脾护肝

酸味有收敛作用,不利于阳气的生发和肝气的疏泄。吃得太酸太辣都会损伤阳气,而酸味入肝、甘味入脾,可以适当进食一些甘温补脾食物,还可多吃"黑"色食物,为防病打下基础。

饮食要均衡,多吃新鲜蔬菜和水果。

不宜食用"发"的食品

清明时节人体阳气多动,向外疏发,内外阴阳平衡不稳定,气血运行波动较大,稍有不当,就会导致心血管、消化、呼吸等系统的疾病。此节气亦是多种慢性疾病易复发之时,如再吃了不当的"发物",就可能导致疾病加重。所谓"发物",从中医角度上是指动风生痰、发毒助火助邪之品。建议适当吃些凉性食物,推荐桑葚薏米炖白鸽(桑葚20克,薏米30克,白鸽1只,姜、盐、香油少许,文火炖2小时)作为食补佳品。

第二节 起居有常,不妄劳作

起居歌谣

早卧早起防春困,保证睡眠,驱除体内湿气。
冷暖气流慎换装,早晚较凉,及时增添衣服。

早卧早起防春困

进入温暖的春季,尤其是"雨纷纷"的清明时节,体内湿气重,犯困打瞌睡是常有的事。有人认为,春困是睡眠不足引起的,只要增加睡眠就可以了。但事实是,成人每天保持7~8小时的睡眠就足够了,仅靠增加睡眠时间是难以消除春困的,甚至过多的睡眠反倒使人精神状态更差。中医典籍有载,"脾胃受湿,(使人)沉困无力,怠惰嗜卧",可见脾胃为湿所困是身体懒乏嗜睡的原因。

如何避免"春眠不觉晓"？

除了保证正常的夜眠和午睡之外，还要保持适当的运动，注意饮食调理以及环境调节。

煲汤做菜时可适当加入豆蔻、苍术、茯苓、薏米、白扁豆等健脾祛湿的食材，以祛除体内湿气、醒脾助神。

不妨喝点茉莉花茶等茶品，以提神醒脑。

此外，还可在居室或办公室内摆放一些花草植物，其芳香之气、鲜亮之色能够兴奋感官、振奋精神。

冷暖气流慎换装

清明时节气候还不是很稳定，偶尔会有寒流侵袭。此时在我国北方，气温迅速升高，昼夜温差较大，早出晚归者要注意增减衣服，避免受寒感冒。清明时节的北方地区多风干燥，这种天气会影响人体呼吸系统的防御功能，使人体免疫力下降，容易感染各种致病菌。因此，清明时节我们应采取必要措施，预防"春瘟"。

预防"春瘟"的具体方法

注意居室通风，尽量少去人多的地方。

天气比较干燥的时候，室内最好使用加湿器，或在卧室里放盆水。

多吃水果，多喝水，少吃煎炒油炸的食物，少吃虾、羊肉、狗肉等热性食物。

适当进行锻炼，增强自身抵抗力。

开窗通风慎起居

建议多晒太阳，阳光可杀灭细菌、病毒，预防骨质疏松。勤开窗通风，尽可能维持室内外气温的平衡，减少强烈的温差对人体的不利影响。勤晾晒被褥，避免潮湿，不要穿潮湿未干的衣服，不要直接睡地板，以避免湿气入侵体内造成四肢酸痛。运动后及时擦干汗液,避免潮湿之气伤人阳气。

第三节 动静有度,形与神俱

> 春暖花开慢步行,快慢相间多拍身。
> 老人常练八段锦,调理脾胃须单举。
> 运动后要补水分,避免湿气伤阳气。
> 运动度量要控制,深吸深呼可纳新。

清明谷雨之后,基本上很少再出现寒流,不过多雨也是这一节气的特点,气温会随着降雨而降低。雨过天晴后,气温的大趋势却是不断升高。在这段时间,人不可闭门不出,更不可在家中坐卧太久,合理的锻炼是必不可少的。郊游、踏青等室外活动都能起到舒畅心情的作用;散步、八段锦、打羽毛球等则可调畅气血。

八 段 锦

在清明时节还可通过练习八段锦来调节精气神。八段锦是我国传统的健身方法,其动作一般比较舒缓,适合各年龄段的人锻炼。它由八种动作组成,每种动作称为一"段"。练习八段锦可以缓解疲劳、放松身心、提高身体免疫力,还能通过激发身体潜能来治疗糖尿

八段锦锻炼场景

病、高血压、焦虑症及失眠等慢性病。

八段锦的八种动作都要反复多次,并要配合气息调理(如舌抵上颚、意守丹田)。

第四节　情志调适，因人而异

缅怀故人托哀思，控制情绪莫悲伤。

疏肝健脾免发怒，睡眠饮食有讲究。

心平气和宽待人，乐观豁达好心态。

清明节是重要的祭祀节日，在这一天前后国人一般会通过祭祖和扫墓活动来缅怀先人，寄托哀思。此时，患有高血压、冠心病的人应控制情绪，不要过于悲伤。为保持情绪稳定，可选择动作柔和、动中有静的太极拳运动来转移注意力。

这一时节草木萌发、桃李初绽，也是人体肌肤腠理得以舒展、五脏六腑内外清气得以润濡的时候。因此，积极参加户外活动，多晒晒太阳，活动筋骨，呼吸新鲜空气，有助于顺应春气，扶助正气，生发阳气。

此时节除了柔肝疏肝外，健脾和中也很重要。中医认为，脾属土，为内脏平衡中心。少思节虑，不争名，恬淡清静可养脾。脾中不化为实，不喜食为虚；多疑惑者为脾不安；面色憔悴者为脾有伤；喜甜食者为脾气不足；痰盛者为脾气湿重。因此，早睡早起、口味清淡、避免厚味肥甘是护脾的关键。

清明后雨水增多，自然之气由阴转阳，这时要注意清泄肝火，以防肝气升发太过或肝火上炎。阳气的生发和肝气的疏泄就如树木生长一般，喜欢条达、顺畅，所以，清明时节要以调节心情为主。保持心情舒畅，以防止肝火上越，有利于阳气生长。老年朋友要尽量避免发怒，让自己乐观、开朗，始终保持愉快向上的好心态。

第五节　易感病症，辨证施护

清明后易患疾病

呼吸系统：扁桃体炎、支气管炎、肺炎、流感、腮腺炎、猩红热、麻疹。

心脑血管系统：高血压、冠心病、急性心肌梗死。

风湿系统：类风湿关节炎。

过敏性疾病：哮喘、花粉症、桃花癣、丘疹样荨麻疹。

精神疾病：精神分裂症。

清明时节是高血压的易发期

高血压是指体循环内动脉压持续增高而言，并可伤及血管、脑、心、肾等器官的一种常见的临床综合征。病因多见于年老体虚、情志失调、劳倦久病、饮食偏嗜等。其病理主要为阴阳失调、本虚标实。针对阴阳失调、本虚标实的病理，以调和阴阳、扶助正气为主，采用综合调养的方法。

● 情志调摄：因为本病与情志因素关系密切，在情志不遂、喜怒太过时，常常影响肝本之疏泄、肾水之涵养。现代医学研究表明，外界的不良刺激，长时间的精神紧张、焦虑和烦躁等情绪波动都可导致和加重高血压的症状。因此，在调摄情志方面，应当减轻和消除异常情志反应，移情移性，保持心情舒畅，建议选择动作柔和、动中有静的太极拳作为首选锻炼方式；避免参加带有竞赛性的活动，以免情绪激动；避免做负重性活动，以免屏气而引起血压升高等。

● 饮食调摄：须定时定量，不暴饮暴食。对形体肥胖者，须减少甜食，限制热量摄入。对老年高血压患者应特别强调低盐饮食，在降低摄盐的同时，还应适当增加钾的摄入，如多食蔬菜、水果等。

阴虚阳亢症

具体表现为头痛头晕,耳鸣眼花,失眠多梦,腰膝酸软,面时潮红,四肢麻木。

辅助治疗方:野菊花 5~10 克加水煮,代茶饮。

肝肾阳虚症

具体表现为头晕眼花,目涩而干、耳鸣耳聋,腰酸腿软,足跟疼。

辅助治疗方:每日可选食蜂乳(糖尿病人除外)。

阴阳两虚症

具体表现为头目昏花,行走如坐舟船,面白少华,间有烘热,心悸气短,腰膝酸软,夜尿频多,或有水肿。

辅助治疗方:可取枸杞、胡桃肉、黑芝麻各 20 克水煎,每日一次与汤同服。

鱼际穴

清明时节防哮喘

每年的清明节前后是过敏性哮喘的高发期。因为清明时草木吐绿、百花竞放,空气中飘散的各种致敏花粉增多,容易引发本病。加之春天风沙、扬尘天气较多,可吸入颗粒物的浓度增加,同样会使哮喘发作。过敏性哮喘通常表现为鼻痒、发作性喷嚏、鼻塞、咽痒等,以患者反复发作的喘息、咳嗽、胸闷等为特征,严重者呼吸困难乃至窒息。

以下方法有助于避免过敏性哮喘的发生:

● 首先,对花粉及植物过敏者尽量不要去公园或植物园,如一定要外出,也应减少与花粉的接触,最好戴上口罩。

● 其次,出行时应选择好时间。一般来说,中午和下午空气中花粉飘散的浓度较高,此时应尽量避免外出。

● 另外,预防呼吸道感染也是预防哮喘的重要环节。清明时昼夜温差较大,容易使人发生呼吸道感染,而上呼吸道感染可以诱发哮喘。因此,清明时节应注意根据天气变化及时增减衣物,避免受凉感冒。

 忽冷忽热易得呼吸道传染病

春季是上呼吸道感染的多发时节,上呼吸道感染(俗称伤风)起病较急,早期症状有咽部干痒或灼热感、喷嚏、鼻塞。以下方法可以增强人体免疫力,减少呼吸道疾病的机会:

● 多吃水果:食梨、甘蔗、萝卜、草莓、紫葡萄等深色水果,它们富含抗氧化剂,可以对抗造成免疫细胞破坏和免疫功能降低的自由基。

● 补充维生素 C 和维生素 E:它们有抗感染功效,并可减轻呼吸道充血和水肿。

● 体育锻炼:适度运动可以使血液中的白细胞介素增多,进而增强免疫细胞的活性,消灭病原体,达到提高人体免疫力的目的。

● 充足睡眠:人在睡眠时,机体其他脏器处于休眠状态,而免疫系统处于活跃状态,白细胞增多、肝脏功能增强,从而将侵入体内的细菌、病毒消灭。

爱上思考

1. 清明时节哪五类食物最滋补?

2. 清明时节祛除湿气该如何做好饮食调理?

3. 清明后该如何预防"春瘟"?

4. 清明后为高血压多发期,应该如何预防?

(俞红,俞琴)

 谷 雨

 健康小贴士

谷雨时节防湿气,谨防旧病再复发。
减少外出防花粉,春捂养阳防瘟疫。
宜甜少酸忌冷腻,肝气通达防郁痹。

谷雨是"雨生百谷"的意思,每年4月20日或21日太阳到达黄经30°时为谷雨。谷雨是春季的最后一个节气,我国古代将谷雨分为三候:"第一候萍始生,第二候鸣鸠拂其羽,第三候为戴任降于桑。"意思是说,谷雨后降雨量增多,浮萍开始生长,接着布谷鸟便开始提醒人们播种了,然后是在桑树上开始见到戴胜鸟。常言道:"清明断雪,谷雨断霜"。谷雨前后,气温回升速度加快,天气较暖,降雨量增加,有利于春作物的播种和生长。此时东亚高空西风急流会再一次发生明显减弱和北移,华南暖湿气团比较活跃,西风带自西向东环流波动比较频繁,低气压和江淮气旋活动逐渐增多。受其影响,江淮地区会出现连续阴雨或大风暴雨。空气湿度逐渐加大,要防止湿邪侵入人体。

第一节　饮食有节,四时相宜

相　宜

祛湿:山药、赤小豆、薏苡仁、扁豆、鲫鱼、冬瓜、陈皮、白萝卜、藕、海带、竹笋、鲫鱼、豆芽等。

益肝：菠菜、小麦胚粉、荞麦粉、莜麦面、小米、大麦、黄豆、黑芝麻等。

凉血：荠菜、菠菜、马兰头、香椿头、蒲公英等。

相　抗

忌冷食：冷饮、冰镇饮料等。

增辛辣：羊肉、狗肉、麻辣火锅、辣椒、花椒、胡椒等。

增油盐：肥肉、动物内脏、盐、腌制食品等。

谷雨时节饮食宜"五低"

暮春时节的饮食应以低盐、低脂、低糖、低胆固醇和低刺激为原则。

低盐就是少食钠盐，因为钠盐太多会诱发高血压病，因此每天食盐不得超过 6 克。

低脂也就是少食油脂，油脂每天摄取总量不得超过膳食总量的 30%。

低糖也就是指要少吃游离糖，食糖过量也会影响人体健康。

低胆固醇是指要少吃含胆固醇高的动物食品，因为胆固醇过高会导致动脉硬化和心脏及脑血管等的多种疾病，每天摄入肉类食品不能超过 300 克。

低刺激即少吃辛辣食品。

省酸增甘以养脾

谷雨虽属暮春，但饮食上仍需注重养脾。宜少食酸味食物、多食甘味食物。同时，宜多食健脾祛湿的食物。

可用薏苡仁 30 克，木瓜 20 克，大米 100 克一起熬粥喝，经常食用可健脾祛湿、散寒止痛，尤其适用于风湿患者。

补血益气祛风湿

谷雨时节,人体的消化功能处于旺盛时期,正是补益身体的大好时机,可以适当食用一些具有补血益气功效的食物,这样不但可以提高身体素质,还能为安度盛夏打下基础。这个阶段推荐有祛风湿、舒筋骨、温补气血功效的参蒸鳝段、菊花鳝鱼及有滋阴养胃、降压调脂、抗菌消炎、清热解毒、养血润燥功效的草菇豆腐羹和生地鸭蛋汤等。

服用"谷雨养生汤"

"谷雨养生汤"是清代名医吴鞠通所创。具体做法是:鸭梨半个,荸荠 5 个,藕 30 克(或用甘蔗 50 克),麦冬 15 克,鲜芦根 15克,一起用锅煎水 1000 毫升,于谷雨当天上午 9 ~ 11 点和下午 5 ~7 点之间各取汁 500 毫升饮用,可加冰糖调味。上午 9 ~ 11 点服用此汤,可提升阳气;下午 5 ~ 7 点服用此汤,可以滋阴生津。

忌过早食冷饮,少食燥热食物

民间有谚语说:"谷雨夏未到,冷饮莫先行"。由于谷雨节气气温升高较快,有些人便迫不及待地吃起冷饮来。谷雨时气温虽已较高,但仍未到炎热的夏季,过早食用冷饮后,人体受到冷刺激会导致肠胃不适。

饮食宜定时定量,不暴饮暴食,而且还应避免食用油腻、辛辣刺激食物,以保护脾胃。建议食用具有滋润作用的食材,如银耳、桑葚、蜂蜜等,以滋润生津、益阴柔肝,防止肝阳过亢。可饮用绿豆汤、赤豆汤、酸梅汤以及绿茶,以防止体内积热。

谷雨时节试新茶

谷雨茶的确有其独特的养生功效。这时的茶树受气温影响,发育充分,叶肥汁满,维生素、氨基酸、矿物质含量均丰富。捧一点在手心,无须把鼻子凑过去,就能闻到沁人的清香。用这样的茶叶打出来的油茶,色泽澄净,喝下去口齿留香,有健牙护齿的作用,亦能起到清肝明目、除湿气的效果。

晨起一杯水

暮春时节气候复杂,我国绝大多数地区都多大风天气,此时人体容易流失水分,抵抗力也会随之下降,容易诱发、加重感冒及其他慢性病。这个时候,补水就显得特别重要。一夜春眠之后,人体内水分消耗较多,晨起喝水不仅可补充因身体代谢失去的水分、洗涤已排空的肠胃,还可有效预防心脑血管疾病的发生。晨起后的喝水量以250毫升为宜。

第二节　起居有常,不妄劳作

起居歌谣

早晚保温,春捂有度;早晚较凉,适度添加衣服。
减少外出,谨防过敏;冷水搓鼻,缓解鼻塞不适。
关节保暖,防范湿邪;避免淋雨,防止风湿复发。

早晚适当"春捂"

常言道:"谷雨寒死老鼠"。意思是说,谷雨时节天气忽冷忽热,人易患感冒,应注意保暖。虽然谷雨时气温升高较快,但昼夜温差较大,往往是中午热、早晚凉,因此早晚还应添加衣服,适当"春捂"。但"春捂"也要有度,15℃是"春捂"的临界点,超过15℃就要减衣,不要再捂了,因为再捂下去就易诱发"春火",人体内产生的热与潮湿相遇,更容易生病。老人尤其要注意这一点。

🌸 谨防花粉过敏

由于谷雨时天气转暖,人们开窗通风及外出次数增加,自然界中的花粉、柳絮等物质易引发过敏,因此过敏体质的人在这个节气要格外小心。除了在饮食上要减少高蛋白质、高热量食物的摄入外,还应尽量减少开窗通风时间,可使用空气清洁器或过滤器去除室内的花粉、粉尘等过敏源。

建议每天早晚或者在外出之前用冷水搓搓鼻翼。用冷水洗鼻子的时候,顺便揉搓鼻翼可改善鼻黏膜的血液循环,有助于缓解鼻塞、打喷嚏等过敏性鼻炎症状。

🌳 避免潮湿,防范风湿

谷雨后雨水增多,空气湿度加大,风湿病易复发,应小心防范。在日常生活中老人要注意关节部位的保暖,不要久居潮湿之地,不要穿潮湿的衣服,少吹风,避免淋雨,天气好时应多到外面晒太阳,适当锻炼身体。

如果出现关节肿痛、肿胀等症状,并且日久不见好转,应及时到医院就诊。

第三节　动静有度,形与神俱

🌳 运动为谷雨养阳的重要一环

谷雨时节空气特别清新,正是采纳自然之气养阳的好时机。老年朋友应根据自身体质选择适当的锻炼项目,如散步、慢跑、做操、打球等,也可以到野外踏青,以畅达心胸、怡情养性,使气血通畅,祛湿排毒,提高心肺功能,增强身体素质,减少疾病的发生,使身体与外界达到平衡。

🌳 可练"谷雨三月中坐功"以养生

具体做法是：每天清晨，自然盘坐，右手上举托天，指尖朝左，左臂弯曲呈直角，前臂平举在胸前，五指自然弯曲，手心朝胸，同时头向左转，目视左前方。然后左右交换，动作相同，左右各做35次。然后上下牙齿相叩，即叩齿36次，漱津几次，待津液满口分3次咽下，意念想把津液送至丹田。如此漱津3次，一呼一吸为一息，如此36息而止。

常练此功法可改善脾胃结块瘀血、目黄、鼻出血、颌肿、臂外痛、掌中发热等。

🌳 谷雨时节的运动原则

谨记应遵循"懒散形骸，勿大汗，以养脏气"的原则。

谷雨正值春夏之交，此时人体气机发散，较易出汗，而汗出过度则会影响夏季时的气血健康。因汗为津液所化，谷雨时节万物靠雨水生长、成形、壮大，人体也是一样，只有春季津液充足，到夏季时才能气血旺盛，因此谷雨时运动勿大汗。

老年人在谷雨时节的运动宜以闲暇散步为主。散步前宜先活动一下筋骨。散步时，不宜和别人说话聊天，以免耗气伤体。散步中可走走停停、停停走走，闲散不拘束。散步过后，可以小睡一会儿，喝点热的汤饮。

第四节 情志调适，因人而异

陶冶性情戒暴怒，不急不躁疏肝气，
遇到烦恼多宣泄，多吃 B 族维生素。

按照中医"春养肝"的观点，肝主气，肝与情志密切相关，谷雨前后尤其要注意"养肝"。事实也证明,四五月份人容易出现精神异常情况。保持乐观豁达的心态对于肝脏的保健是必不可少的。

俗话说:"万病由气生","风调才能雨顺",肝气顺畅通达了,人体各个系统才能顺畅,不易生病。要学会自我调控和驾驭好情绪,做到心胸开阔,遇到不愉快的事要戒怒,并及时进行宣泄,可多向家人和朋友倾诉,以防肝气郁结。或多到大自然中走走,尽量把不良情绪调节好,遇事切忌急躁、妄动肝火。

在春季的最后一个节气里,老年朋友除了通过精神养生保健方法来调节情绪外,还可以食用一些有助于缓解精神压力和调节情绪的食物。近年来的营养学与心理生理学研究表明,饮食对人体的情绪是有一定影响的。多吃一些含 B 族维生素较多的食物对改善抑郁症状有明显的效果,这类食物有:小麦胚粉、标准面粉、荞麦粉、筱麦粉、大麦、小米、黄豆及其他豆类;葵花子、生花生仁、黑芝麻、芝麻及瘦肉等。

我们还可采取以下方法陶冶性情:

● 远眺:这个方法简单,有助于舒缓和振奋精神。远眺时心情顿然放松,其实就是在舒展肝气。

● 梳头:最好选用牛角梳或木质的梳子,也可以十指代替梳子。梳头能疏通气血,散风明目,荣发固发,促进睡眠,安神怡情。

● 按摩十宣穴:十宣穴位于左右两手共十个手指尖端的正中,属于井穴一类。刺激十宣穴能调节情志,怡神健脑。

十宣穴

第五节　易感病症，辨证施护

谷雨后易患疾病

神经系统：肋间神经痛、坐骨神经痛、三叉神经痛。

呼吸系统：感冒、咳嗽、支气管炎。

风湿系统：类风湿关节炎。

过敏性疾病：花粉症、过敏性鼻炎、过敏性哮喘。

谷雨前后防神经痛

谷雨前后是神经痛的发病期，如肋间神经痛、坐骨神经痛、三叉神经痛等。其病因多为感受风寒之邪，客于经络，致使经络拘急收引、气血运行受阻而突然疼痛。一旦患上神经痛或旧病复发也不用太紧张，要及时到医院进行治疗，同时还要注意休养，调畅情志，避免情绪波动。

神经痛分型

● 肋间神经痛：为一侧或两侧胁肋疼痛。如遇情志郁结，肝气失于疏泄，络脉受阻，经气运行不畅，均可出现胁痛。若肝气郁结日久，气滞产生血瘀，或因跌扑闪挫引起络脉停瘀，也可导致血瘀胁痛。

● 坐骨神经痛：此症是就坐骨神经通路及其分布区内的疼痛而言。多表现在臀部、大腿后侧、小腿踝关节后外侧的烧灼样或针刺样疼痛，严重者痛如刀割，活动时加重。

● 三叉神经痛：在面部一定部位发生阵发性、短暂性剧烈疼痛。

减轻疼痛发作时的注意事项

● 要避免久处湿地,如常接触水者,应加强防湿措施,如穿鞋、戴手套。老年女性穿裙子应避免暴露膝关节。

● 有关节疼痛或关节曾受过创伤或扭伤的老年人要注意小心护理损伤处,加强保暖,避免着凉,以防病症加重或复发。

● 保持筋骨活动能力,不要坐得太久,也不要长时间不动,应适当活动。

● 如疼痛发作,应请医生治疗,针灸、推拿及服药均可采用。

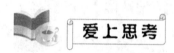

1. 谷雨时节有哪些"五低"饮食?

2. 谷雨后"春捂"应注意哪些方面?

3. 谷雨时节空气湿度加大,老年朋友在起居中该如何养护?

4. 老年朋友在谷雨时节的锻炼以闲暇散步为主,在散步中应注意哪些?

5. 谷雨后宜疏肝理气,有哪几种简单的方法可以帮助陶冶性情?

6. 谷雨前后是神经痛的易发期,减轻疼痛发作有哪些好方法?

(俞红,俞琴)

 立　夏

 健康小贴士

立夏养生重护心,戒怒戒躁冰雪心。
增酸减苦易消化,喝粥少酒气血畅。
牛奶豆肉补营养,夜卧早起加午睡。

　　每年5月5日或6日太阳到达黄经45°时为立夏节气。立夏标志着夏季的开始,人们习惯上把立夏当作是气温明显升高、炎暑将临、雷雨增多、农作物进入生长旺季的一个重要节气。立夏节气前后,南方气候炎热,雷雨增多,而华北、西北等地虽然气温回升较快,但降水仍然偏少,加上春季多风,水分蒸发较多,易发生短暂的干旱现象。

　　人秉天地之气而生,法四时而成。立夏时节,要顺应春夏交替,此节气有利于心脏的生理活动,所以在整个夏季的健康管理中要注重对心脏的特别养护。

第一节　饮食有节,四时相宜

相　宜

增酸:山楂、枇杷、杨梅、香瓜、桃子、木瓜、西红柿等。
利湿:赤小豆、薏苡仁、绿豆、冬瓜、丝瓜、水芹、黑木耳、藕、胡萝卜、山药等。
养心:牛奶、鸡肉、瘦肉、豆制品等。

相 抗

增苦：咸鱼、咸菜、芥蓝、生菜等。

增油腻：动物内脏、肥肉、油酥饼等。

忌冷食：冷饮、冰镇饮料、凉粉、冷粥等。

宜增酸减苦，饮食清淡

立夏过后，温度逐渐攀升，人容易烦躁上火，食欲也会有所下降。老年朋友在饮食上宜采取"增酸减苦、补肾助肝、调养胃气"的原则。饮食应清淡，以易消化、富含维生素的食物为主，大鱼大肉和油腻辛辣的食物要少吃。

将绿豆、莲子、荷叶、芦根、扁豆等加入粳米中一并煮粥，晾凉后食用，不仅健胃、驱暑，还可增加纤维素、维生素 B、维生素 C 的供给，能起到预防动脉硬化的作用。

多进稀食并可少量饮酒

立夏后人体阳气渐趋于外，新陈代谢旺盛，汗出得较多，气随津散，人体阳气和津液易损。早晚喝粥，中午喝汤，既能生津止渴、清凉解毒，又能补养身体。在煮粥时加些绿豆或单用绿豆煮汤，有消暑止渴、生津利尿的作用。另外，于清晨饮少许炒葱头酒、葡萄酒等，可畅通气血。

饮食以低脂、易消化、富含纤维素为主

立夏后应适量食用富含蛋白质的食物，多吃水果蔬菜补充维生素，适当搭配粗粮以均衡营养、促进消化。

常食葱姜以养阳

俗话说："冬吃萝卜夏吃姜，不劳医生开药方。"姜性温，属于阳性药物，可解表祛寒、化痰止咳、健脾暖胃。现代研究表明，生姜不仅含有姜醇、姜烯、柠檬醛等油性的挥发油，还含有姜辣素、树

脂、淀粉和纤维等物质,有兴奋提神、排汗降温等作用。立夏后吃姜有助于人体阳气生发,符合中医"春夏养阳"的观点,可缓解酷暑带来的疲劳乏力、厌食失眠等症状。同时,适量吃姜还可开胃健脾、增进食欲,防止肚腹受凉及感冒。

第二节　起居有常,不妄劳作

起 居 歌 谣

夜卧早起,顺应阳气;晚睡早起,增加午睡。
温差较大,防寒保暖;早晚较凉,适当添衣。
不喜生冷,预防疾病;冷暖自知,保护胃肠。

 晚睡早起,增加午睡

立夏以后人们要顺应气候变化,每天晚上睡觉时间可比春季稍晚些,以顺应阴气的不足;早上应早点起床,以顺应阳气的充盈与盛实。少眠乃人体之大患。古往今来,不少长寿名人对于午睡都非常重视,认为它是一种养生之道。立夏以后,天气炎热,昼长夜短,再加上晚睡早起,晚上睡眠往往不足,这样容易耗气伤阴;加上经过一个上午的工作或学习,脑细胞便处于疲劳状态,尤其是吃过午饭之后,很容易产生昏昏欲睡之感。因此,立夏后人们应该养成午睡的习惯。老年人有睡眠不实的特点,更需要"午休"。

● **注意午睡时机**:不宜饭后立即午睡,因为午餐后胃里充满尚未消化的食物,此时如果立即倒头便睡,容易产生饱胀感。正确的做法是吃过午饭后先做些轻微的活动,如散步、扫地、揉腹等,一般在餐后一刻钟午睡最为适宜,这样有利于食物的消化吸收。

● **注意午睡时间**:午睡一般以一小时为宜。生理学家研究表明,人体睡眠分浅睡和深睡两个阶段,在通常的情况下,人们在入睡80～100分钟后便逐渐由浅睡眠转入深睡眠。在深睡眠的过程中,大脑各中枢的抑制过程明显加强,脑组织中许多毛细血管暂时关闭,脑血流量减少,机体新陈代谢的水平明显降低。如果人醒来后反而感到全身不适,这多半是午睡时间过长的缘故。

● 讲究睡眠姿势:午睡的姿势多种多样,但基本的有三种:仰睡、俯睡和侧睡。唐代名医孙思邈主张"睡侧而屈,觉正而伸",也就是侧着身子睡,双膝弯曲,这样可以使人有气力,比趴着睡、仰着睡要好。

● 注意午睡的方位:有许多人错误地认为午睡时间只要在桌上趴一会或在沙发上眯一会就可以了,其实,这样并不利于健康。人体在睡眠状态下,肌肉放松,心率变慢,血管扩张,血压降低,流入大脑的血液进入胃肠,此时若是靠在沙发上睡,时间长了大脑就会缺氧,人会产生头重、乏力、腿软等不适感觉。而趴在桌上睡,则不仅会压迫胸部,妨碍呼吸,增加心肺负担;还会使眼球受损,眼压增高,易诱发眼疾病。专家认为,卧在床上睡眠才是最理想的选择。

● 夏日午睡有五忌

第一,忌恼怒。凡情志的变化都会引起气血的紊乱,从而导致失眠,甚至引发疾病,所以在睡前切忌有恼怒情绪。

第二,忌言语:中医认为,肺为五脏华盖,主出声音,凡人卧下,肺即收敛,如果此时言语,则易耗肺气,还会因精神兴奋浮躁而难以入睡。

第三,忌张口。孙思邈说"卧时习闭口",可见闭口睡眠是保持元气的最好方法。张口呼吸有很多缺点,不仅不讲卫生,而且会将冷气与灰尘吸进肺脏,容易引发疾病。

第四,忌蒙头睡。有些人午睡时常以薄被蒙头而睡。这样不仅会造成呼吸困难,而且还会吸入自己呼出的二氧化碳及被内的其他污染空气,对身体健康极为不利。

第五,忌当风睡。医家认为,风为百病之长,人在睡眠时不要让头或脚迎风而吹,因为人体在入睡后对环境变化的适应能力降低,最易受风邪的侵袭,从而引发病痛。如头受风则头痛,肩受风则臂酸,腹受风则肚痛,脚受风则咳嗽,背受风则胃寒。以上情况都要尽量避免。

早晚较凉,适当添衣

虽说夏季到来了,天气逐渐炎热,温度明显升高,但此时早晚仍比较凉,昼夜温差仍较大,早晚要适当添衣。对大多数老年朋友特别是关节病患者来说,夏季应该避免贪凉,宜适度使用空调和风扇。最好常备一件长袖衣,便于随外界环境改变而加减衣服。

冷暖自知,保护胃肠

随着天气的不断变热,人们往往喜爱用冷饮消暑降温,这无可非议。但冷饮过量会使胃肠道骤然受凉,刺激胃肠黏膜及神经末梢,引起胃肠不规则的收缩,从而导致腹泻。过食冷饮,还会引发剧烈头痛,引起咽喉炎,甚至可导致支气管炎急性发作,所以在立夏节气对冷饮一定要有所控制。

第三节　动静有度,形与神俱

运动时间宜清晨,平和运动勿大汗。
有氧运动慢节奏,运动过后饮温水。
立夏运动护心脏,心经穴位常按摩。

要想安度苦夏,积极进行体育运动、提高身体素质也是很有必要的。古人认为,身体强健的人可以"寒暑不侵",人们通过提高身体素质可以适应各种不同的气候,减少疾病的发生,从而尽享天年。夏季应当顺应夏季阳消阴长的规律,锻炼者应当早起晚睡,而且最好在清晨进行锻炼。

老年人在运动时要注意不宜过度出汗，运动后要适当饮温水，以补充体液。中医认为"汗为心之液"，血、汗同源，汗多易伤心之阴阳，加之夏天温度高，体表的血量分布多，过度出汗容易导致老年人出现心脑缺血的症状。但是该出汗时还是要出汗，老年人也不能闭汗，在房间里开空调的时间不能过长。

此时节的锻炼项目以立夏四月坐功、养心功、按摩内关穴、散步、慢跑、打太极拳等为宜。根据"春夏养阳"的原则，不宜做过于剧烈的运动，因为剧烈运动可致水汗淋漓，不但伤阴，也伤阳气，宜选择相对平和的运动。

立夏四月坐功

立夏是夏季的开始，此时天气由温和转向炎热，阳气盛极，万物旺盛而壮，人体的生理活动更加活跃。本功法以"立夏"命名，正是顺应这一时令特点而制定的锻炼。可治因风湿滞留经络而引起的各种肿痛、肘臂痉挛、胸腹肿胀、手舞足蹈、喜笑难以控制等杂症。

具体方法：每日清晨，静坐于床上，屏住呼吸闭上眼睛，手心向外，十指交叉抱住膝盖向内用力，膝部向外用力5至7次，然后牙齿叩动36次，调息吐纳，津液咽入丹田9次。

养 心 功

此功宜在农历弦朔日(初七、初八、廿二、廿三日为弦日，初一为朔日)的清晨练。常练此功法可使人在夏天神平体安，增强心脏功能而不伤及肺脏。

具体方法：面朝南方端坐，去除心中杂念，叩齿9次，然后将口中津液鼓漱3次，意念中想南方有红色气体从鼻入口中，并将此气与口中津液一起分3次咽入丹田。

按摩内关利于心

立夏节气应重点养护心脏，因为人体的"心"脏与四季的"夏"相应，夏季时心阳最旺，功能最强。养护心脏应经常按摩内关穴，内关穴在前臂掌侧，腕横纹上2寸，掌长肌腱与桡侧腕屈肌腱之间，经常按摩内

内关穴

关穴，可保护心脏，缓解心痛、心悸胸闷等症状。

方法要点： 按摩时，一只手的拇指放在对侧手臂的内关穴上，稍微向下点压用力后，保持压力不变，旋转揉动，点揉1分钟以后再换对侧。按摩时以产生酸、麻、胀感为最佳。

第四节 情志调适，因人而异

戒怒戒躁慢运动，调息净气冰雪心。
神清气和睡眠足，烦事不争好心态。

立夏后人们易感到烦躁不安，因此立夏时节要做到"戒怒戒躁"，切忌大喜大怒，要保持精神安静，情志开怀，心情舒畅，安闲自乐，笑口常开，还可多做偏静的文体活动，如绘画、钓鱼、书法、下棋、种花等。

入夏之后，天气逐渐变热，因此须以"凉"克之，以"清"驱"燥"。由此可见，夏季情志调适的关键在于"清"，要顺应夏季昼长夜短的特点，及时调整自己的工作计划和生活节奏，适当地减缓速度，并留有一定余地。闲暇时间听听音乐、想想美好的事情，或去公园散步、郊游，尽可能地让肌体和精神获得充分的放松。另外，此时节还要节欲守神，善于满足，保持淡泊宁静的心境，处变不

惊,遇事不乱,凡事顺其自然,静养勿躁。

老年朋友在立夏时节的情志调适要点主要存在以下方面:

第一,初夏之时,老年人气血易滞,血脉易阻,此时一定要注意养心,保持精神安静,为安度酷暑做准备,使身体各脏腑功能正常,以达到"正气充足,邪不可干"的境界。

第二,老年人立夏养生要保持睡眠充足。夏天老年人易产生生理及心理上的疲困,没精打采,也不想吃饭,不想参加社会活动,只想在家待着,或在床上躺着。碰到这样的情况,就更需要走出户外,多和人交往,多去旅游或到公园去赏景,要变"苦夏"为享受夏天。

第三,气温过高会加剧人的紧张心理,导致心火过旺。特别是老年人,由发火生气引起心肌缺血、心律失常、血压升高的情况并不少见,甚至因此而发生猝死。因此,在"立夏"之季要做好精神养生,做到精神安静、笑口常开、自我调节、制怒平和。

第五节　易感病症,辨证施护

冬病夏治疗旧疾,除湿消暑健脾胃。
饮食清洁防菌痢,注意卫生护眼睛。
补充能量治口疮,勤换勤洗保皮肤。

立夏后易患疾病

心血管系统:高血压、心绞痛、心肌梗死。
消化系统:细菌性痢疾、急性肠胃炎、食物中毒。
传染病:红眼病(结膜炎)、皮肤病。

冬病夏治疗旧疾

夏季调养冬季常发的慢性病及一些阳虚阴盛的疾患,可使病情大幅好转。这就是我们平常所说的"冬病夏治"。

冬病夏治,是指在疾病缓解期趁病情稳定之时积极改善体质的积极治疗法。其实,夏天病情较平稳之时是对过敏疾病体质进行调养的最好时机,所以夏季治疗讲究"三分医药,七分调养",即以补肾、健脾、养肺为主要治则,着重改善神经内分泌功能,改善垂体—肾上腺皮质系统之兴奋性,使功能恢复正常,并调节机体的免疫功能,改善机体能量之代谢,使其恢复平衡以增进免疫力,真正彻底改善体质,这样到了冬天病情自然减轻甚至痊愈。

冬病夏治不仅对老年慢性支气管炎疗效好,其他如肺气肿、肺心病、支气管哮喘、慢性腹泻、虚寒性胃疼、腹疼、腰痛、下肢体痛等症,都可以透过夏季的调养治疗使病情好转,有的还可以根除。

除湿消暑健脾胃

喜燥恶湿是脾的生理特性之一。夏季虽然是阳气最盛的季节,但是雨水相对也比较多,若湿气太重,会困遏脾胃,使脾胃的运化能力下降。因此,夏天人们会经常感觉燥热难耐,有口渴、舌苔厚重、不思饮食、疲劳乏力、烦躁不安等现象。建议多选择健脾芳香化湿之品,如藿香、莲子、佩兰等。

初夏时节防菌痢

细菌性痢疾(简称菌痢)是由痢疾杆菌引起的最常见的肠道传染病,除与苍蝇繁殖活动有关外,还与夏季气候适宜痢疾杆菌繁殖、天热人们喜欢吃生冷食品引起肠胃功能紊乱有关。

控制菌痢的关键是早发现、早治疗;其次是应搞好环境卫生、饮食卫生和个人卫生,加强对饮食、水源的管理,消灭苍蝇,不吃生冷蔬菜,不吃不洁瓜果,不吃腐败变质或不新鲜的食物,养成饭前、便后洗手的习惯。

初夏易发口疮和红眼病

初夏时节气候干燥,人易上火,所以口疮患者在这个时节会陡然增多。发生口疮的诱因,除了干燥的气候外,与焦虑、紧张以及维生素和微量元素摄入不足也有很大关系。症状严重的患者,应在医生的指导下,用局部烧灼、涂抹口疮药和服用维生素 B 等方法进行治疗。

此外,初夏还要注意预防流行红眼病(结膜炎)。得了红眼病,一要防止传染,二要及时治疗。预防红眼病的关键是,在高温高湿的初夏,一定要注意个人卫生和眼部保健,尽可能少去人多的场所,避免接触传染源。

初夏也是皮肤病的多发季节

痱子、过敏性皮炎、汗斑、湿疹等恼人的皮肤病威胁着很多老年朋友的健康。建议常洗澡、勤换衣服,被子、毛巾等经常漂洗消毒。尽量少到蚊虫多的地方,皮肤瘙痒时可涂些止痒药水。

 爱上思考

1. 立夏后在饮食上应注意哪些问题?

2. 立夏后宜晚睡早起,增加午睡。立夏的"午睡"该如何睡好呢?

3. 立夏后老年人应如何运动?

4. 立夏后天气逐渐变热,人易感到烦躁不安,老人该如何把"苦夏"变为"乐夏"?

5. 立夏后易发口疮和红眼病,该如何预防?

(俞红,俞琴)

小　满

健康小贴士

小满渐热风火煽,防热防湿是关键。
清热利湿食清淡,户外运动忌大汗。
气温升降防淋雨,心气平和防意外。

　　每年阳历的 5 月 21 日前后,太阳到达黄经 60°时为小满。小满是收获的前奏,也标志炎热夏季的正式开始。民谚说:"大落大满,小落小满"。"落"是下雨的意思,雨水愈丰沛,愈会大丰收。中国古代将小满分为三候:"一候苦菜秀,二候靡草死,三候麦秋至。"也就是说,在小满节气中,苦菜已经枝叶繁茂,可以采食了,接着是喜阴的一些细软的草类在强烈的阳光下开始枯死,然后麦子开始成熟,可以收割了。小满节气正值 5 月下旬,此时,我国大部分地区开始陆续进入夏季,南方地区的平均气温一般在 22℃以上,北方地区的白天气温也可达 20℃以上。因此,小满节气的到来往往预示着闷热、潮湿天气的来临。所以,在小满节气要做好"防热防湿"的准备。

第一节　饮食有节,四时相宜

宜清热利湿

　　小满时节,雨量增加,气温渐高,老年人应特别注意饮食调养,日常饮食宜以清爽清淡的素食为主,要经常吃点具有清热、健脾、利湿之效的食物。多吃新鲜蔬菜水果,这些果蔬不仅清热泻火,还可以补充人体所需的维生素、蛋白质等。

宜多饮水,且以温开水为好,以促进新陈代谢和内热的排出,最好不要用饮料代替温开水。

推荐赤小豆、绿豆、冬瓜、丝瓜、黄瓜、黄花菜、水芹、胡萝卜、西红柿、西瓜、鲫鱼、草鱼、鸭肉等。

● 吃苦正当时

苦菜,医学上又名"败酱草",其生长遍布于全国各地,是中国人最早食用的野菜之一。小满前后正是吃苦菜的时节。据研究,苦菜营养丰富,含有人体所需要的多种维生素、矿物质、胆碱、糖类、核黄素和甘露醇等,具有清热解毒、凉血的功效。苦菜可用于凉拌、做汤、做馅、煮面等。

● 健脾利湿吃鲫鱼

鲫鱼,有健脾利湿的功效,适用于脾虚食少、虚弱乏力、浮肿、消渴引饮、小便不利等病症。

● 健脾祛湿薏仁来帮忙

小满后,天气闷热潮湿,人有时会感觉透不过气来,这是因夏季的暑气、湿气所致。薏仁性凉,味甘淡,有利水消肿、健脾去湿、舒筋除痹、清热排脓等功效。平时可常食用薏仁粥,或熬汤时放入一些薏仁。

宜清补养阴

中医认为,夏季归于五脏属心,适宜清补。饮食调养宜以清爽清淡的素食为主。忌吃膏粱厚味,如动物脂肪、油炸熏烤食物、辣椒、芥末、胡椒、茴香、虾、羊肉、狗肉等,甘肥滋腻、生湿助湿的食物。

推荐李子、桃子、橄榄、菠萝、芹菜、薏苡仁、荸荠、黑木耳、山药、猪肉等。

宜增酸减苦

小满时节的饮食应该以"增酸减苦"为原则,以便护阳养心、补肾助肝、调养胃气。一般来说,酸味食物有增强消化功能的作用,常吃还可以降血压、软化血管、保护心脏。

少吃苦味食物并不代表任何苦味食物都不能吃,例如苦瓜、莲子等食物有清心火的作用,很适合在夏季食用。

少食生冷之物

进入小满后,气温不断升高,人们往往喜爱用冷饮消暑等病症。此时进食生冷饮食易引起胃肠不适而出现腹痛、腹泻等症,老人脏腑机能逐渐衰退,更易出现此种情况,因此,此时饮食方面要注意避免过量进食生冷食物。

夏日饮食还要考虑到养护脾胃,建议适当多喝点稀粥、绿豆汤等易消化的食物。

第二节　起居有常,不妄劳作

起 居 歌 谣

阳消阴长,夜卧早起,增加午睡。
早晚温差,雨后降温,及时添衣。
气温升高,慎用空调,以防伤身。
疏通气血,散风祛湿,梳理头发。

晚睡早起加午休

小满时节人们要顺应气候变化,每天晚上睡觉时间可比春季稍晚些。由于"小满"时天亮得早,人们起得早,而晚上相对睡得晚,易造成睡眠不足;而且夏季正午 1 点到 3 点气温最高,人容易出汗,午饭后消化道的血供增多,大脑血液供应相对减少,所以中午时人往往精神不振、昏昏欲睡,建议适当增加午休。

午睡小贴士:午睡时间要因人而异,一般以半小时到一小时为宜,时间过长反而会让人感觉没有精神。如果午休条件受限制,可以听听音乐或闭目养神 30 ~ 60 分钟。睡觉时不要贪凉,避免在风口处睡觉,以防着凉受风而生病。

早晚及雨后勿忘添衣

小满后气温虽然明显升高,但早晚仍会较凉,气温日差仍较大,尤其是降雨过后气温下降得更明显。

防寒小贴士:适时增加衣服。尤其是晚上睡觉时要注意保暖,避免因着凉受风而感冒。另外,也要避免被雨水淋湿,以免外感湿邪。一旦被雨水淋湿,应及时更换湿透的衣物,并喝些生姜红糖水,以防感冒。

谨防空调伤身体

进入小满以后,气温显著升高,有些地方的温度甚至可达30℃以上,这时如果使用风扇、空调的方法不当,也容易使人患病。因此,我们在使用风扇、空调时一定要注意方法。

使用空调度夏的正确使用方法

使用空调时,室内温度不宜低于27℃,开空调的房间不要长期关闭,应保持通风。

当在室内感觉到有凉意时,一定要站起来活动活动,以加速血液循环。

老年人特别是有关节疾病的老年人最好穿长裤,或者戴上护膝。

散风祛湿勤梳头

小满时节除了用饮食祛湿外,正确地梳理头发也可以起到疏通气血、散风祛湿的作用。

梳头健身有技巧

正确的梳头方法是:先由前向后,再由后向前;先由左向右,再由右向左。如此循环往复,梳头数十次或数百次后,再把头发整理、梳至平滑光整为止。梳头时间一般早晚各5分钟,闲暇时间亦可利用。不过不要在饱食后梳头,以免影响脾胃的消化功能。

梳头时还可结合手指按摩,具体做法是:双手十指自然分开,用指腹或指端从额前发际向后发际做环状揉动,然后再由两侧向头顶按摩,用力要均匀一致,如此反复数十次,直到头皮有微热感为止。

梳子最好选用天然材料制成的,如桃木梳或牛角梳,这类梳子梳齿圆滑。

第三节　动静有度,形与神俱

早晚运动不剧烈,慢跑太极宜锻炼。
运动时间不宜长,运动过后忌大汗。
运动间歇补充水,多喝盐水绿豆汤。

小满运动忌剧烈

根据中医"春夏养阳"的原则,小满时节运动不宜过于剧烈,因为剧烈运动可致大汗淋漓,不仅伤阴,也伤阳气。

此时宜选择散步、慢跑、打太极拳等运动方式。锻炼时间也不宜过长,每次30~40分钟为宜。运动强度亦不可过大,以汗出为度。在运动过程中应增加间歇次数,每次10~15分钟,间歇时可饮淡盐水、绿豆汤、金银花水等。

练"小满四月坐功"

小满时,人体生理功能增强,新陈代谢旺盛。本法以"小满"命名,正是顺应这一时令的特点而制定的,可于小满开始,练至芒种为止。

具体方法是:每日5:00~7:00之间,盘腿坐下,左手按住左小腿部位,右手上举托天,指尖朝左,然后左右交换,动作相同,各做15次。接着上下齿相叩,即叩齿36次,漱津几次,待津液满口分3次咽下,意念想把津液送至丹田。如此漱津3次,一呼一吸为一息,直至36息而止。常练此功法可改善肺腑蕴滞邪毒、胸胁支满、心悸怔忡、心痛、掌中热等。

按摩经络穴位可泻火清心

入夏以后,不少人都会或多或少出现小便发黄、口腔溃疡、大便干结甚至心情烦躁等现象,而这实际上就是中医所说的"心火过旺"的表现。对此,除了可以通过食疗降火之外,按摩相对应的经络穴位也可泻火清心。

小满与人体的手厥阴心包经相对应。心包经沿人体手臂前缘的正中线循行,其上有天池、天泉、曲泽、郄门、间使、内关、大陵、劳宫、中冲共9个穴位。小满时可拍打心包经来调节身体。

拍打心包经可泻火清心

具体方法是:首先掐住腋窝下的极泉穴,极泉穴为手少阴心经上的穴位,弹拨此穴时无名指和小指会发麻,弹拨几下之后,用空拳沿着心包经慢慢地拍下来,这样做可安心神、解心郁。若没有时间对整条经络进行按摩,也可选择几个简单易找的穴

位如劳宫、中冲进行按压。劳宫
穴位于第二、三掌骨中间（握拳
时，中指指端下即是该穴），经常
揉按此穴可清心安神、消肿止
痛，防治中暑、心悸、心痛、烦闷、
口疮等。中冲穴位于中指指端
的中央，有开窍醒神、泄热清心

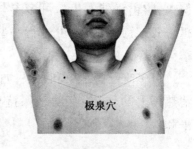

极泉穴

的作用，治疗中暑、中风昏迷、吐泻、心痛、口疮等。经常揉按中
冲穴可泻心火，防治口舌生疮。按摩时，可用左手手指甲掐按右
手的中冲穴 1 分钟左右，再用右手掐按左手中冲穴 1 分钟左右。

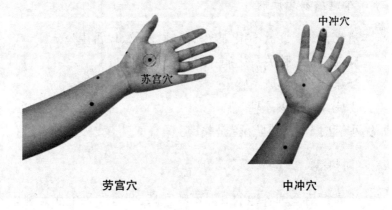

劳宫穴　　　　　　　　　　　中冲穴

第四节　情志调适，因人而异

小满时风火相煽，人也容易感到烦躁不安，而心理、情绪与体
内的神经、内分泌以及免疫系统关系密切。当人受到负面情绪影
响时，身体的免疫力会下降，容易患上各种疾病。对于老年人而
言，情绪剧烈波动后风火相煽，气血上逆，可引发高血压、脑血管意
外等心脑血管病，危害更甚。

老年朋友宜通过舒缓运动发散萎靡不振、郁郁寡欢，尽量抑制

怒火,防止意外发生。可多参与一些户外活动来怡养性情,如下棋、书法、钓鱼等;也可进行一些体育锻炼,如散步、慢跑、打太极拳等。

可多吃新鲜蔬菜和水果,如冬瓜、苦瓜、丝瓜等,这些果蔬都有清热泻火的作用,有助于保持良好的情绪,以养护心脏,使心气平和。

第五节　易感病症,辨证施护

小满后易患疾病

消化系统:食欲不振、腹泻、菌痢、便秘、口舌生疮。

风湿系统:膝关节疼痛、腰椎关节疼痛。

泌尿系统:泌尿系感染。

皮肤病:风疹,湿疹、脚气。

小满时节"防热防湿"是关键。

防热病

小满过后全国各地的气温不断升高,此时如果生活无规律、经常熬夜加班、饮食不定时或过食辛辣油腻,往往就会产生内热。这样外热、内热交加,很容易让人出现一系列热病。例如,精神紧张、熬夜加班会造成心火过旺,引起失眠和口舌生疮;而饮食不当、过食辛辣则会造成胃肠积热,导致便秘和口腔溃疡。

预防热病应从三方面入手:

● 第一,要多饮水,且以温开水为好,以促进新陈代谢、内热的排出。最好不要用饮料代替温开水,尤其是不要喝太多的橙汁。有人以为橙汁是去火的,其实不然。多喝橙汁会生热生痰,反而加重内热。

● 第二,要多吃新鲜蔬菜和水果,如水芹、藕、萝卜、西红柿、西瓜、梨和香蕉等,这些果蔬都有清热泻火的作用,还可补充人体所需的维生素、蛋白质等。忌食肥甘厚味、辛辣助热之品,如动物脂肪、海鱼海虾、生葱、生蒜、辣椒、韭菜以及牛肉、羊肉、狗肉等。

● 第三,要生活规律、多运动,尽量不要熬夜。运动以每天早、晚天气较凉快时为好,以散步、做操、打太极拳等最为适宜,应避免剧烈的运动,这样既可以缓解精神压力,又可以促进食物的消化吸收,防止内热的产生。

🌳 防湿病

● 小满时节,由于雨量的增加,易发生各种皮肤病(如脚气湿疹、下肢溃疡等)。中医认为,这些皮肤病的发生与天气闷热和潮湿有关,尤以湿重为主要致病因素。预防湿病同样应从三方面入手:

● 第一,应该特别注意饮食调养,日常饮食应以清爽清淡的素食为主,要经常吃点具有清热、健脾、利湿之效的食物,如红小豆、薏苡仁等。忌食海鱼、羊肉、狗肉以及冷饮等,因为这些饮食易生湿伤脾,而中医认为脾是主管人体消化吸收和水液代谢的,脾虚水液代谢异常会加重皮肤病。原来有皮肤病的人平时可多喝些粥(如绿豆粥、荷叶粥、红小豆粥等),以调理脾胃、促进体内湿热的排泄。

● 第二,注意不要被雨淋,要尽量避开潮湿的环境。以免外感湿邪,防止脚气、湿疹和下肢溃疡等病症的发生。

● 第三,穿着衣物应选择透气性好的,以纯棉质地和浅色衣服为最好,这样既可防止吸热过多,又可透气,避免湿气郁积。

1. 小满后饮食宜清热利湿,请举例说明有哪些食物有助于清热利湿?

2. 小满后在起居方面该注意哪些?

3. 小满后按摩哪几个穴位有利于泻火清心?

4. 小满时风火相煽,老人易情绪波动。此时节老年人应如何保持情绪稳定?

5. 小满后该如何预防湿病?

（俞红,俞琴）

芒 种

🌸 **健康小贴士**

> 芒种湿重气温高,饮食轻清且甜淡。
> 午时天热子午觉,汗多防暑衣勤换。
> 早晚锻炼防暑热,气机宣畅戒躁怒。

每年公历的6月5日左右太阳到达黄经75°时为芒种。农历书记载:"斗指巳为芒种,此时可种有芒之谷,过此即失效,故名芒种也。"我国古代将芒种分为三候:"一候螳螂生,二候鹏始鸣,三候反舌无声。"在这一节气中,螳螂在去年深秋产的卵因感受到阴气初生而破壳生出小螳螂;喜阴的伯劳鸟开始在枝头出现,并且感阴而鸣;与此相反,能够学习其他鸟鸣叫的反舌鸟,却因感应到了阴气的出现而停止了鸣叫。"芒种"之义,一指大麦、小麦等有芒作物的种子已经成熟,抢收十分紧迫;二指中稻、黍、稷等夏播作物正处于抢播抢种最忙的季节,故"芒种"又名"忙种"。此时,我国长江中下游地区雨量增多,气温升高,阴雨连绵,空气十分潮湿,天气异常湿热,各种衣物器具极易发霉,一般人称这段时间为"霉雨"(梅雨)季节。由于此时的天气越来越热,蚊虫滋生,容易传染疾病,所以农历的五月又称"百毒之月"。

第一节 饮食有节,四时相宜

相 宜

祛暑生津:粳米、绿豆、绿豆芽、紫菜、丝瓜、菜花、豌豆、扁豆、苦瓜、荷叶、玉竹、猴头菇、香菇、乌梅、西瓜等。

清热泻火：黄瓜、番茄、茄子、芹菜、生菜、芦笋、豆瓣菜、凉薯等。

相　抗

多盐多糖：盐、糖、味精、腌制品等。

多油多辛辣：动物内脏、肥肉、浓汤、油炸食品、白酒、羊肉等。

🌳 饮食宜清补为主

芒种时节空气潮湿，食物易发霉变质，此时人体的消化功能相对较弱。唐朝孙思邈提倡人们"常宜轻清甜淡之物，大小麦曲，粳米为佳"，又建议人们"少食肉，多食饭"。他在强调饮食清补的同时还告诫人们食勿过咸、过甜。

🌳 少食肉食，多食谷蔬菜果自然冲和之味

芒种时天气炎热，人体出汗多，饮水增加，胃酸易被冲淡，消化液相对减少，消化功能减弱，人易出现食欲不振。因此，饮食须清淡，应多食新鲜蔬菜、水果及豆制品等。蔬菜、豆类可为人体提供必需的糖类、蛋白质、脂肪和矿物质等营养素及大量的维生素，维生素可预防疾病、防止衰老。瓜果蔬菜中的维生素 C 还是体内氧化还原的重要物质，它能促进细胞对氧的吸收，在细胞间和一些激素的形成中是不可缺少的成分。除此之外，维生素 C 还能抑制病变，促进抗体形成，提高机体抗病能力。

老年人因机体功能减退，热天消化液分泌减少，心脑血管有不同程度的硬化，饮食宜以清补为主，辅以清暑解热、护胃益脾和具有降压、降脂的功效食品。多吃瓜果蔬菜，从中摄取的维生素 C 对血管有一定的修补保养作用，还能把血管壁内沉积的胆固醇转移到肝脏变成胆汁酸，这对预防和治疗动脉硬化也有一定的作用。

此时，虽天气渐热，老年人也不宜多食生冷性凉之品，以防由

此引发其他疾病。

补充水分有讲究

"芒种"时天气炎热,人体出汗较多,应多喝水以补充丢失的水分。但喝水也有讲究,有些人大汗后喜欢喝过量的白开水或糖水,还有些人只喝果汁或饮料等,这些都是不可取的。

正确的补充水分方法

一般情况下,采用少量多次补给的方法多喝些白开水,既可使排汗减慢又可防止食欲减退,还可减少水分蒸发;大量出汗以后,宜多喝些盐开水或盐茶水,以补充体内丢失的盐分。

除了多喝白开水,喜欢品茶的老人还可选择中药茶来应对湿热的芒种。

● 桑葚茶:桑葚味甘酸、性微寒,具有补肝益肾、生津润肠、促进肠液分泌、增进胃肠蠕动等功效。

● 乌梅茶:乌梅酸、涩、平,归肝、脾、肺、大肠经,具有敛肺、生津等功效。

● 枸杞防暑茶:将枸杞10克、薄荷3克、五味子12克、菊花6克加盖泡10分钟至味道渗出即可饮用。此饮品能补肺生津、治暑热烦渴。

● 苦瓜蜜茶:将苦瓜干15克放入杯中,冲入300毫升沸水,加盖泡10分钟至味道渗出,加蜂蜜即可饮用,具有清热、降血压的作用。

● 决明菊花茶:将决明子30克研细,与野菊花12克一起放茶杯中,沸水冲泡代茶饮,具有平肝潜阳、清热降压的作用。

预防"夏打盹"

人体大量出汗后,不要马上喝过量的白开水或糖水,可适当喝些果汁或糖盐水,以防止血钾过分降低。适当补充钾元素则有利于改善体内钾、钠平衡,既可以预防"夏打盹"又可以防止血压上升和血压过低。

钾元素可以从日常饮食中摄取,含钾较多的食物有:粮食中以荞麦、玉米、红薯、大豆等含钾元素较高;水果中香蕉含钾元素最高;蔬菜中以菠菜、苋菜、香菜、油菜、甘蓝、芹菜、大葱、青蒜、莴苣、土豆、山药、鲜豌豆、毛豆等含钾元素较高。

第二节　起居有常,不妄劳作

起居歌谣

夜卧早起,顺应阳气;晚睡早起,护好阴阳子午觉。

气候湿热,人易汗出;勤洗勤换,亚麻棉布最舒服。

汗出洗澡,发泄阳热;预防痤疮,出汗时勿立即洗。

🌳 晚睡早起,宜睡子午觉

芒种时节起居要晚睡早起,适当接受阳光照射(避开太阳直射,注意防暑),以顺应旺盛的阳气,利于气血的运行,振奋精神。夏日昼长夜短,人们多晚睡早起。子时(21点~1点)和午时(11点~13点)都是阴阳交替之时,也是人体经气"合阴"、"合阳"之时。子时睡觉,最能养阴,睡眠效果也最好。因此晚上睡觉时间再晚也不应超过23点。午时睡觉,有利于人体养阳,因此中午11点到下午1点之间应"小憩"一会儿,以30分钟到1小时为宜。中医理论认为,子时是肝经循行时间,午时是气血流注心经之时,睡好子午觉不仅可以养阴、养阳,而且可以养肝、养心。

🌿 气候湿热,衣服宜勤换洗

芒种时节午时天热,人易出汗,衣衫要勤洗勤换。

应穿透气性好、吸湿性强的衣服,可选择棉布、丝绸、亚麻等制品,使衣服与皮肤之间存在着微薄的空气层,而芒种时节空气层的温度一般都会低于外界的温度,这样就可达到良好的防暑降温效果。

汗出不见湿

为防止中暑,芒种节气应常洗澡,这样可发泄"阳热"。需要提醒的是,出汗时不要立即洗澡,以免"汗出见湿,乃生痤疮"。在洗沐时如果采用药浴,可收到更好的健身防病效果。所谓药浴就是在浴水中加入药物的汤液或浸液,或直接用煎好的汤药,以蒸气沐浴或熏洗患病局部乃至全身的方法来健身防病。

浸浴有助健身防病

药浴的方法多种多样,常用的有浸浴、熏浴、烫敷,作为健身防病则以浸浴为主。

浸浴的具体方法,以五枝汤(桂枝、槐枝、桃枝、柳枝、麻枝)为例:先将等量药物用纱布包好,加 10 倍于药物的清水,浸泡 20 分钟,然后取出煎煮 30 分钟,再将药液倒入浸泡液。该汤既可用于浸浴亦可用于局部泡洗,可疏风气、驱瘴毒、滋血脉。

未食端午粽,破裘不可送

芒种以后,尽管天气已经热起来,但由于我国经常受来自北方的冷空气的影响,气温仍不稳定,早晚和下雨时气温会有所下降,因此应根据气候变化增减衣服,身边可备轻便棉外套。空调温度宜控制在26℃~28℃。空调房间应定时通风换气,禁止在空调房抽烟,长期待在空调房的人,每天至少要到户外活动 3~4 小时。年老体弱者、高血压患者最好不要久留空调房。

第三节　动静有度,形与神俱

五月芒种后,阳气始亏,因此要特别注意顾护人体阳气,勿伤心阴。心主火,汗为心之液,顾护津液、汗液勿受损伤,是对心阳的最大保护。

这时锻炼要遵循节气的规律:

● 锻炼不宜盲目剧烈,切勿大汗淋漓。

● 锻炼时间最好安排在早晚,时间应比春秋两季减少三分之一。

● 锻炼项目应尽量避免大运动量,特别是那些患有心脑血管疾病、高血压、高血脂等疾病的人以及身体肥胖者。

● 芒种时可选择毛孔调息功、游泳、跑步、打球等方式进行运动,以促进排汗,增强体质。

● 暑热之气也能伤人,故户外活动时须注意防晒、饮水、热病、热伤风,以防暑伤津气。外出旅行要戴上太阳帽、墨镜,涂抹防晒霜,备好毛巾,穿长袖上衣,并准备十滴水、人丹、六一散、清凉油等防暑药品。

毛孔调息功

具体方法是:自然站立,双脚分开与肩同宽,双臂自然下垂,掌心朝内侧,中指指尖紧贴风市穴,拔顶,舌抵上腭,提肛,净除心中杂念。全身放松,两眼微闭或两眼平视,但要视而不见,两膝盖微屈,思

毛孔调息功

想集中,呼吸绵绵,呼气时意念想全身毛孔都张开,向外排气,使

一切病气、浊气都排出去,吸气时意念想全身毛孔都在采气,内脏各器官也与宇宙之气同呼吸。每次20分钟,常练之可达到祛病延年之目的。

第四节 情志调适,因人而异

轻松愉快不忧郁,气机宣畅护心脏。
静心安神自然凉,睡眠规律勤换衣。
神清气和戒躁怒,听听音乐散散步。

芒种时节,气温逐渐升高,天气转热,"暑易入心"。此时空气中的湿度也有所增加,人体内的汗液无法通畅地发散出来,人身之所及、呼吸之所受均不离湿热之气,人也就特别容易四肢困倦、萎靡不振。值此时节,人们要加强对心脏的保养,尤其是老年人要有意识地进行精神调养,保持神清气和、心情愉快的状态,切忌大悲大喜、恼怒忧郁,以免伤心、伤身、伤神。

学会自我心理调节

可听听音乐、散散步,多想想美好的事情,努力做到静心、安神、戒躁、息怒。防止情绪剧烈波动后引发高血压、脑血栓等心脑血管疾病。

心静自然凉

芒种季节适合调畅情志,可以适当晚睡早起,避开太阳直射,注意防暑,以顺应阳气的充盛,利于气血的运行,振奋精神。

夏日昼长夜短,中午小憩可助缓解疲劳,有利于健康。

芒种过后,勤洗澡、勤换衣,以疏泄"阳热"。

保持心境平和,宁静畅达,也可取得"心静自然凉"的效果。

第五节 易感病症，辨证施护

 芒种后易患疾病

呼吸系统：咽炎、感冒、热伤风。

循环系统：心脏病、冠心病。

消化系统：腹泻、菌痢。

湿热病：口舌生疮、湿疹、带下病。

传染病：腮腺炎、水痘、肝炎。

预防热伤风

夏季天气炎热，为了散发体内的热能，人体的表皮血管和汗腺孔扩张，出汗很多。入睡后出汗易使身体受凉而发生感冒。暑天感冒俗称"热伤风"。空调病其实也是属于热伤风一类的疾病。

在这个节气中，老年人不要贪凉而露天睡卧，更不要在大汗时裸体吹风；也不宜吃羊肉等生火助热的食物，饮食宜清淡，心情宜恬静。

病情较轻的热伤风：一般无发热及全身症状，或仅有低热、头痛、全身不适等症状。

病情较重的热伤风：常有高热，而且出汗后热仍不退，并伴有头痛、身重如裹、全身酸懒、倦怠无力、口干但不思饮水、小便黄赤、舌苔黄腻，有些患者还会出现呕吐或腹泻等症状。

热伤风的施护

多食用清热去火的食物，比如绿豆汤、金银花茶、菊花茶、芦根花茶等，以清热解暑。同时忌食油腻、黏滞、酸腥、麻辣的食品，如糯米饭、油炸食品、海鱼、甜食。

可服用清热解毒口服液、清开灵胶囊、大青叶片等中成药。热伤风患者应注意多喝水,应经常开窗,以保持空气新鲜。

🌳 护好心脏正当时

芒种时节气候湿热,心脏负荷逐渐加重。有心脏病、冠心病的老人要注意保养,少熬夜,避免过分紧张,生活要有规律。可以吃一些保养心脏的药食,如麦冬 5 克、桂圆肉 5 克泡水饮,气虚乏力者可以加西洋参 3 克。桂圆莲肉小枣小米冰糖粥、麦冬桂圈肉枸杞菊花茶也有助于保养心脏。

🌳 防止带下病

此时节女性宜少吃辛热食物,多吃一些清热利湿之品,如绿豆。还应常吃健脾利湿之品,如薏米、山药、白扁豆、粳米粥。

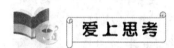

1. 芒种后孙思邈提倡人们该如何调理饮食?
2. 芒种后应如何睡好子午觉?
3. 芒种后锻炼身体应注意哪些方面?
4. 芒种后"暑易入心",老年人应如何排解情绪?

（俞红,俞琴）

健康小贴士

夏至暑热防中暑,增苦微酸少寒食。
晚睡早起加午休,腠理开泄莫贪凉。
调息静心自然凉,清凉运动避炎热。

　　夏至是 24 个节气中极为重要的一个时节。通常在每年公历 6 月 21 日前后太阳到达黄经 90°时开始。夏至的"至"有三义:一者说明阳气之至极,二者说明阴气之始至,三者说明日行之北至。"三至"时,太阳几乎直射北半球北回归线,北半球白昼最长,黑夜最短。我国古代将夏至分为三候:"一候鹿角解,二候蝉始鸣,三候半夏生。"古人认为,鹿的角朝前生,所以属阳。夏至日阴气生而阳气始衰,所以阳性的鹿角便开始脱落。雄性的知了在夏至后因感阴气之生便鼓翼而鸣。半夏是一种喜阴的药草,因在仲夏的沼泽地或水田中萌生而得名。夏至这天虽然白昼最长,太阳角度最高,但并不是一年中天气最热的时候。因为,地表的热量这时还在继续积蓄,并没有达到最多的时候。俗话说"热在三伏",真正的暑热天气是以夏至和立秋为基点来计算的,大约在 7 月中旬到 8 月中旬时我国各地的气温为最高,有些地区的最高气温可达 40℃左右。

第一节　饮食有节,四时相宜

相　宜

增苦:绿豆、苦瓜、丝瓜、荷叶、百合、芹菜等。

微酸:梅子、柚子、柠檬、葡萄、苹果、啤酒等。

防暑:西瓜、绿豆汤、乌梅汤等。

相　抗

增寒:凉粉、冷粥、冷饮、雪糕、冰镇饮料等。

增热:羊肉、狗肉、辣椒、花椒、大枣等。

忌肥腻:肥肉、动物内脏、煎炸食物、奶酪、黄油等。

🍀 多食酸味以固表,多食咸味以补心

夏至时节人体出汗较多,相应的盐分损失也多,若心肌缺盐,心脏搏动就会出现失常,建议适当增加苦味和酸味的摄入,因为苦味食物具有除燥祛湿、清凉解暑、促进食欲等作用,酸味食物有开胃功效。

不过,苦味食物均属寒凉,虽然能清热泻火,但体质较虚弱者不宜食用。

🍀 清淡饮食祛湿健脾

夏季高温炎热,人的消化功能相对较弱,因此,饮食上宜清淡不宜肥甘厚味,以免化热生风,激发疔疮之疾。要多食杂粮以寒其体,冷食瓜果应适可而止,千万不可过食,以免损伤脾胃。

夏季的另一个健身防病重点便是"养脾"。中医认为,脾主运化,而湿邪最易损伤脾气。夏季健脾应保持清淡饮食,避免进食肥腻、刺激、烧烤、油炸之品,同时注意饮食卫生,不食腐烂变质食物,

以保持良好的消化、吸收功能。

🌳 冷食、寒食不宜多吃

夏至时酷暑难耐,有些人为了贪图一时畅快,大量食用寒凉食物。实际上此时冷食并不宜多吃,少则犹可,贪多定会寒伤脾胃,令人吐泻。诸如西瓜、绿豆汤、乌梅汤等解渴消暑佳品,也不宜冰镇食之。

🌳 科学补水防低钾

夏至应当科学补水,以免给身体带来各种疾患,每天至少补水2000毫升,但应采用"少量多次"的补水方法。

夏至喝汤既可获得人体所需营养,又能补足水分,一举两得。盛夏时节人体流失的水分较多,这时还应该适量补充钾,以免因缺钾而导致肌肉无力、腹胀等症状。适当多食茄子、紫菜、海带等食物就可以补充钾元素。香蕉、菠萝等水果中也富含钾元素,可通过鲜食或榨汁得到一定的补充。

夏至时节有两种汤肴最值得推荐:

● 鸡汤(母鸡汤更优),因含有特殊抗病成分,有防治感冒、支气管炎的作用。

● 番茄汤(烧好待冷却后再喝),所含番茄红素有一定的抗前列腺癌和保护心脏的功效,最适合于男性。

第二节　起居有常,不妄劳作

起居歌谣

晚睡早起,合理午休;切莫贪凉,以防伤身。

炙热汗多,温水洗澡;暑湿之气,香囊防湿。

预防中暑,补水关键;预防中暑,注意防晒。

调养生息，做好夏至睡眠功课

夏至之后，我国大部分地区就进入盛夏了。这是一年中最难熬的暑热关，为顺应自然界阴阳盛衰的变化，一般宜晚睡早起，并利用午休来弥补夜晚睡眠的不足。现代医学认为，夏季气温升高后，皮肤血管和毛孔扩张，皮肤血流量会大增，供应大脑的血流量就会减少。大脑为了自保，就会降低兴奋性，人就易产生困倦感。此外，由于新陈代谢的速度加快，人体对氧的消耗也大增。大脑在缺氧的环境下工作效率就会降低，人也会感到困乏疲倦。所以，中午适当小憩可使大脑得到休息，气血亦可得以回流，从而有效消除疲劳症状。

另外，年老体弱者宜早睡早起，尽量保证每天有 7 小时的睡眠时间。

莫贪凉、洁饮食，以防伤身

夏至时气候炎热，人体腠理开泄，易受风寒湿邪侵袭。因此，睡觉时不宜久吹风扇、空调；使用空调时，室内外温差不宜过大。更不宜夜晚露宿。

另外，随着气温的升高，食物中各种细菌的生长繁殖速度加快，人长时间待在空调房里身体机能也会有所下降，如果食用了被细菌污染的食物，极易发生伤寒、细菌性痢疾等肠胃疾病。所以，夏日要特别注意饮食卫生和饮食规律。

勤洗澡保持脉络舒通

勤洗澡清洁皮肤，不仅有利于保持脉络舒通、心律正常和体温平衡，而且可以洗掉疲劳增强抵抗力。

每日温水洗澡也是值得提倡的健身措施，既可以洗掉汗水、污垢，使皮肤清洁凉爽消暑防病，又能改善肌肤和组织的营养，降低肌肉张力，消除疲劳，改善睡眠，增强抵抗力。

佩戴香囊可防湿防蚊

夏至节气天气炎热，炙人蒸腾且多雨水，下雨后加上炎热的气温，形成暑湿之气，会对人体健康造成影响，使人在暑热之余更觉昏沉倦怠。古人为了除湿避秽，常会在身上佩戴香囊。比如以苍术、藿香、艾叶、丁香等中药材打碎入袋，取芳香化浊的效果，不仅可使人体免受外湿所伤，也有防蚊虫之效。

此时节适合穿宽松透气的衣服，以方便阳气外达。

 预防中暑加强补水和防晒

夏至时节天气炎热，不仅要避免长时间在烈日底下劳作，而且还要加强防护，以预防中暑。出汗后不要立即吹冷风，要适当补充水分，

夏至时光照强烈，紫外线容易损伤皮肤，因此要格外注意防晒。防晒的方法有很多，除了用防晒霜、遮阳伞、遮阳帽外，选择合适的衣服也有助于遮挡紫外线。首先从衣服的颜色上讲，红色衣服防晒效果最佳；黑色、藏青色这两种颜色在阻隔紫外线方面作用仅次于红色。而我们夏日里经常选用的棉质衣服，虽然穿着舒适，但在防紫外线方面则略逊一筹。不过因棉质衣服在吸汗、舒适度方面存在优势，因此仍是很多人的夏季首选。在选择棉质衣服时，从防紫外线的角度考虑，应选择款式宽松的衣服，因为宽松的要比贴身的防晒效果好。

第三节　动静有度，形与神俱

运动时间宜早晚两头，运动方式宜缓慢休闲。
运动地点宜清凉避暑，运动时候勿剧烈大汗。

夏季运动最好选择在清晨或傍晚天气较凉爽时进行。场地宜选择在河湖水边、公园庭院等空气新鲜的地方。有条件的还可以到森林、海滨地区去疗养、度假。

锻炼的项目以八段锦、太极拳、散步、慢跑广播操为好，不宜做过分剧烈的活动。因为若运动过激，可导致大汗淋漓，汗泄太多，不但伤阴气，也会损阳气，还易中暑。

在运动锻炼过程中，出汗过多时，可适当饮用淡盐开水或绿豆盐水汤，切不可饮用大量凉开水，更不能立即用冷水冲头、淋浴，否则会引起寒湿痹证、黄汗等多种疾病。

夏季炎热，"暑易伤气"，若汗泄太过，人会头昏胸闷，心悸口渴，恶心甚至昏迷。安排室外工作和体育锻炼时，应避开烈日炽热之时，并加强防护。推荐一种强健心肺的功法——"左右开弓似射雕"，帮您拉起这道防御战线。

左右开弓似射雕

"左右开弓似射雕"是传统健身体操八段锦中的第二节，简单易学，运动量也不大，非常适合老年人，尤其是体质较弱或患有某些慢性病的老年人。经常练习这个功法，可以有效防止心肺不足引起的动脉硬化、高血压、冠心病以及肺胀、胸满、气喘等疾病。

两脚自然分开，右脚向右横跨一步，屈膝下蹲成马步。大腿尽可能与地面成平行，同时两臂屈肘，慢慢抬于胸前，两手半握拳，虎口向上；右手食指与拇指撑开，成"八"字形，目视右手食指，右手缓缓拉向右外方并伸直，头随手转至右侧，同时左手握拳，屈臂用力向左侧平拉，呈拉弓射

左右开弓似射雕

箭状；深吸气，调息1~2秒钟，然后两腿起立，两臂放下，深呼气，恢复初始姿势。稍停片刻，换反方向做一遍。如此反复多次。

第四节 情志调适，因人而异

夏季要神清气和、快乐欢畅、心胸宽阔、精神饱满。如万物生长需要阳光那样，对外界事物要有浓厚的兴趣，培养乐观外向的性格，以利于气机的通泄。如果懒怠厌倦、恼怒忧郁，则有碍气机通调，对身体不利。

老年朋友的炎夏情志调适

老年朋友对高温天气的适应能力比较差，因此夏季应以宁心安神为要务。尽量保持乐观开朗的心态，避免过喜、过怒、过于惊恐、过于悲伤、过于思虑等情志的刺激。

有些气郁体质的老年朋友在天气炎热时会出现较大的情绪波动，比如烦躁易怒、爱唠叨、容易兴奋和激动、低热口渴、夜睡不宁，或表情呆滞、抑郁悲观、沉默懒言、不思饮食等，盛夏时这类"情绪中暑"症状尤其明显。以理气解郁、祛暑化湿的方法调理有助于缓解此类症状。陈皮有疏肝解郁、芳香化湿、行气健胃的功效，气郁体质者在夏季除尽量保持愉悦乐观、平和宁静的心情外，还可用陈皮、冬瓜煲鸭肉或鸡肉、猪肉食用。

宁心安神"六字诀"

"六字诀"是南北朝时期梁代养生家陶弘景提出的。他在《养性延命录》中指出，"吹、呼、唏、呵、嘘、咽"六字皆有利于健康。"六字诀"中的"呵"字诀适宜在夏季练习，可防治心病、缓解焦躁情绪，对心神不宁、心悸怔忡、失眠多梦等症有一定疗效。

"呵"字诀

练功时，注意加添两臂动作，这是因为心经与心包经之脉都由胸走手。念"呵"字时，两臂随吸气抬起，呼气时两臂由胸前向下按,随手势之导引直入心经,沿心经运行,使中指与小指尖都有热胀之感。

应注意念"呵"字时口形为口半张,腮用力,舌抵下腭,舌边顶齿。连做6次。

第五节　易感病症,辨证施护

夏至后易患疾病

神经系统:中风。

消化系统:急性肠胃炎、急性胰腺炎、细菌性痢疾。

循环系统:高血压、心脏病。

其他:中暑、空调综合征、湿痹症。

易感病症及施护要点

中风:夏至为一年中阳极阶段及气升之极的时期,有心脑血管疾病的人往往难以承受,此时要注意饮食清淡、不急不躁、适当运动,可服用活血通络的山楂、番茄等食物。如出现昏厥,要立即就医。高血压、动脉硬化的患者应少吃热性升发之品(如酒、黄鳝、鸡肉、狗肉)及升散性药物(如人参、黄芪、升麻等,多吃芹菜、萝卜等)。避免暴怒生气,降血压的药要坚持吃。中午宜睡午觉或静养。要纳凉,戴凉帽,避免头在阳光下直晒。

中暑:主要症状为头痛、出汗多、口渴、面色潮红、心跳快速、体温升高(38℃以上),重则昏迷、抽搐、虚脱等。如出现上述症状,要放冰袋于头部,或头部冷敷,开门窗通风,用电扇吹头部并拨打"120"急救电话。

湿痹症:指风湿麻木,常在雨天加重,是一种伴麻木的关节肌肉疼痛。可口服小活络丸。常兼有肠鸣腹泻者,宜适当多吃薏苡仁、白扁豆、丝瓜煮粥或做菜,以健脾利湿。病情较重者应在医师指导下服药。

🌳 老年人心血管病的施护要点

晨起后,适当参加一些力所能及的文体活动,如散步、慢跑、打拳、做操、跳舞、唱歌等,强度因人而异,以舒适为宜。这样有利于提高体温的调节功能,增强人体对高温的适应性和耐受力,对防治心脑血管疾病十分有益。

午饭后应适当午睡,以养精蓄锐。还可根据个人兴趣和爱好养花、种草、钓鱼、练书法、习绘画等,使机体处于最佳状态。

晚上切不可贪凉而卧,忌睡于露天、走廊、窗前、屋檐下等处或卧冷石地。更不可迎风而卧或久吹电风扇或久开空调,因阳气在外,毛孔开疏时外邪易于侵入人体,从而引起脑中风、心肌梗死等严重疾病,甚至威胁生命。宜创造安静、和谐,使身心完全放松的入睡环境。要保证足够的睡眠,每天除保持半小时至 1 小时的午睡外,睡眠时间也不要少于 7~8 个小时,以养志除疲。

🌳 穴位拍打散暑湿

夏至时节天气明显闷热,老年人容易中暑。不过,暑热之气也是挑人的,它喜欢接近三种人:一是本身火气就很大的人,火上加火,炎热攻心就中暑;二是体质虚弱、不能耐高温的人;三是体湿之人,外在炎热之气蒸动内在湿气,也

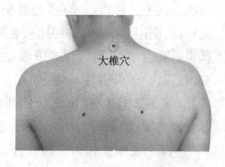

大椎穴

容易中暑。中暑后可服用藿香正气水救治,还可沾水拍打肩窝、肘窝和大椎穴,以散暑热之气。

1. 夏至后酷暑难耐,老年人在饮食上有哪些注意点?
2. 夏至后应如何预防中暑?
3. 夏至后腠理开泄,如何防止外邪入侵?
4. 夏至后老年人应如何调养情志?
5. 夏至后老年性心血管疾病高发,老年人该如何安然度夏?

(俞红,俞琴)

小 暑

健康小贴士

小暑少动心平和,游泳瑜伽太极歌。
苦瓜果蔬粥汤品,规律休眠情绪稳。
夏练三伏百步走,避暑胜地好旅游。

从每年公历的 7 月 7 日或 8 日开始,太阳到达黄经 105°时为小暑。从字义上来讲,"暑"即"热",说明小暑时气候炎热,但又还没到最热的时候,所以叫作"小暑"。我国古代将小暑分为三候:"一候温风至,二候蟋蟀居宇,三候鹰始鸷。"小暑时节大地上便不再有一丝凉风,所有的风中都带着热浪;由于炎热,蟋蟀离开了田野,到庭院的墙角下以避暑热;在这一节气中,老鹰因地面气温太高而在清凉的高空中活动。进入小暑,江淮流域梅雨即将结束,盛夏开始,气温升高,并进入伏旱期,而华北、东北地区进入多雨季节,热带气旋活动频繁,登陆我国的热带气旋开始增多。总之,小暑节气的气候特点是天气炎热、降雨增多。

第一节 饮食有节,四时相宜

相 宜

多汤:荷叶、土茯苓、扁豆、薏苡仁、猪苓、泽泻等煲成的汤或粥。
增酸:番茄、柠檬、草莓、乌梅、葡萄、山楂、菠萝、芒果、猕猴桃。
防暑:绿豆汤、莲子粥、百合粥、薄荷粥等。

相　抗

多辛：川菜、浙菜等。

多油腻：油炸食品、肥肉等。

多寒：冷饮、冰镇食品、生冷瓜果等。

多吃苦瓜果蔬粥汤之品

俗话说："热在三伏"。小暑节气恰在初伏前后，因此在饮食上应注意清热祛暑，宜多食汤或粥，多食蔬菜和水果。

营养专家将小暑节气的饮食概括为"三花三叶三豆三果"。"三花"指金银花、菊花和百合花，适合冲泡成茶，是消暑佳品；"三叶"是指荷叶、淡竹叶和薄荷叶，也适合冲泡；"三豆"是指绿豆、赤小豆和黑豆，中医称之为"夏季灭火器"，能清热降火；"三果"是指西瓜、苦瓜和冬瓜。

苦瓜是小暑一宝

中医理论认为"苦能清热"。苦瓜性味苦、寒，归脾、胃、心、肝经，具有清热消暑、凉血解毒、滋肝明目的功效，对治疗痢疾、疮肿、中暑发热、痱子过多、结膜炎等病有一定的功效。

此外，苦瓜的维生素 C 含量很高，具有预防坏血病、保护细胞膜、防止动脉粥样硬化、提高机体应激能力、保护心脏等作用。

同时，苦瓜中的有效成分还可以抑制正常细胞的癌变和促进突变细胞的复原，具有一定的抗癌作用。

苦瓜中的高能清脂素，即苦瓜素，被誉为"脂肪杀手"，它的特效成分能使人体摄取的脂肪和多糖减少 40% ~60% 左右，可用于减肥。

适当增加酸味食物

盛夏时节，人体新陈代谢旺盛，出汗多而易丢失津液，酸味食物能敛汗止泻祛湿，且可以生津解渴，健胃消食，增进食欲。炎炎夏季,人们喜食生冷,可在菜肴中加点醋,醋酸可杀菌消毒,防止胃肠道疾病发生。

老年人因机体功能减退,热天消化液分泌减少,心脑血管有不同程度的硬化,饮食宜清补为主,辅以清暑解热、护胃益脾和具有降压、降脂功效的食品。

小暑黄鳝赛人参

夏天是吃黄鳝进行温补的好时候。民间素有"夏令之补,黄鳝为首"、"小暑黄鳝赛人参"的谚语。经过春季的觅食,小暑后的黄鳝圆肥丰满,不仅肉嫩鲜美,而且营养丰富,滋补作用也最强。夏天湿气较重,对寒性、虚性、湿性的人尤为不利。此时吃补气的黄鳝,可以达到改善不良体质、冬病夏治的效果。

盛夏时节,易发生中暑。为了预防中暑,小暑时节要充分饮用凉开水、饮料,并加少量盐,以补充体内盐分;要少吃脂肪类厚腻荤腥食物和辛辣之品,应以清淡素食为主;注意适当多食含钾食物,如海带、豆制品、紫菜、土豆、西瓜、香蕉等。

第二节　起居有常,不妄劳作

起 居 歌 谣

少动多静宜养心,勿久坐木以防病。
起居作息有规律,汗出较多忌贪凉。
刮痧保健防中暑,洗澡时机要把握。

少动多静

俗话说:"热在三伏"。从中医理论方面讲,小暑时人体阳气旺盛,阳气具有护卫体表、抵御外邪的功能。只有保护好自身的阳气,人体才能健康无恙。小暑时气候炎热,人体能量消耗较大,心脏排血量明显下降,各脏器的供氧力明显变弱,因此一定要注意养"心"。此时宜遵循"少动多静"的养生原则,以免阳气外泄太过。运动宜选择在早晨和晚上的凉爽时段,运动方式以散步、打太极拳、慢跑、骑自行车为主,到微微出汗即可,切忌大汗淋漓。

勿久坐木

俗话说:"冬不坐石,夏不坐木"。小暑节气气温高、湿度大,久置露天的木料,如小区或公园里的木椅木凳,经过露打雨淋,含水分较多,表面看上去是干的,可是经太阳一晒,温度升高,便会向外散发潮气。如果人在上面坐久了,可能诱发痔疮、风湿、关节炎等病,因此小暑节气不宜在户外木质凳椅上久坐。

起居作息有规律

夏季起居作息要有规律,一般是晚上10点至11点就寝,早上5点半至6点半起床。此外,三餐及锻炼、用脑、休闲的时间均应明确。这种"定时"在夏季尤其是盛夏时节尤其重要。盛夏时节,为了保证充足的体力和精力,午饭后半小时最好做短暂午睡。人的体能需要午睡,这不是"懒睡"、"贪睡"、"浪费时间",而是不花钱的"自然保健法"。夏季昼长夜短,夜间睡眠时间少,午睡是对晚上睡眠的补充。实验表明,每天午睡30分钟,可使冠心病的发病率减少三成。

汗出较多忌贪凉

不宜在室外露宿,因为人睡着以后身上的汗腺仍不断向外分泌汗液,整个机体处于放松状态,抵抗力下降,而夜间气温下降,气温与体温之差逐渐增大,很容易导致头痛、腹痛、关节不适,引起消化不良或腹泻。

不宜光着上身乘凉,当气温接近或超过人的体温时,赤膊不但不凉爽,反而会感到更热。因为人的体温调节不仅靠皮肤蒸发,还和皮肤辐射有关。当外界温度超过37℃时,体温主要靠皮肤蒸发来散热;当气温继续升高时,皮肤不但不能通过辐射方式来散热,还会从外界环境中吸收热量,使人感到更加闷热。因此,盛夏时节最好不要光着上身。

🌳 刮痧保健防中暑

小暑时节,为了预防中暑,除了前面"夏至"篇中介绍的一些方法外,也可采用刮痧的方法,即用刮痧板或酒精消毒过的纱布,上下刮背脊两侧、肋骨两侧或额头,至出现暗紫色即可;也可涂上清凉油刮。

🌳 洗澡时机要把握

小暑时节,气温更高,湿度更大,心脏负荷加重,有心脏病、冠心病的老年朋友要注意保养,少熬夜,避免过分紧张,生活要有节奏。

为避免中暑,小暑时节要常洗澡,这样可使皮肤疏松,"阳热"易于发泄。但须注意的一点是,在出汗时不要立即洗澡,中国有句老话——"汗出不见湿",若"汗出见湿,乃生痤疮",即易患皮肤疾病。

第三节　动静有度,形与神俱

游泳可消暑,瑜伽宜养性。
早起花间走,午睡转眼睛。
晚归梳五经,运动保健康。

小暑时节运动强度应避免过大,可选择在早晨或傍晚进行散步、太极拳等运动,也可选择游泳、瑜伽、旅游等。无论选择何种运动方式,都应注意避免运动后大汗淋漓。

🌳 游泳可消暑健身

游泳可谓是最适合盛夏的一种运动方式。小暑时节游泳不仅可健身,而且可消暑。因为水的导热能力比空气的导热能力大很多倍,游泳时水可帮助身体更快散发热量,人也因此而感到凉快、舒适。游泳可防治颈椎、腰椎疾病,增强心肺功能,提高机体免疫力。游泳时由于水的浮力作用,身体的脊柱可由原来的直立状态变为水平状态,大大减轻了脊柱的负担,从而有效降低了颈、腰椎间盘内的压力。同时,水流对脊柱、肌肉和皮肤还可起到"按摩"作用,对防治颈椎、腰椎疾病有一定作用。游泳时不仅能增大呼吸肌的力量,而且能扩大胸部活动的幅度,增大肺的容量,从而增强肺功能。游泳时人体各器官都参与其中,血液循环也随之加快,以供给运动器官更多的营养物质。血液速度的加快,会增加心脏的负荷,使心跳频率加快、收缩强而有力。因此,长期游泳可增强心肌功能。

🌳 练瑜伽可安神养性

小暑气候炎热,人容易变得烦躁不安,此时练瑜伽可起到安神养性的作用。瑜伽起源于印度,是一种古老的健身术和人体锻炼法,在古圣贤帕坦珈利所著的《瑜伽经》中,瑜伽被准确地定义为"对心作用的控制"。有研究表明,长期坚持练习瑜伽功有助于发挥意念对自主神经系统的控制与调节作用。在小暑时节练习瑜伽,可以使人保持心境平和,帮助舒缓烦躁情绪。

🌳 早起花间走颐养心神

老年人不宜剧烈运动,运动时要避免大汗淋漓,因为汗液流失过多,会导致人体内电解质紊乱,伤及体内阳气。可做一些中轻强度的有氧运动,如散步、打太极拳、慢跑等。

夏天宜在一天中最凉爽的清晨,于住所附近的林荫花间散步,让身体微微出汗,以颐养心神,有助于体内阳气的生发,从而推动血液循环,增进新陈代谢。

🌳 午睡转眼睛强效护心

中医认为心主神明,也称心藏神。所谓"闭目养神",其实是在养心。午睡开始时练练转眼球,不但会提高午睡质量,还能有效缓解视疲劳,进而提高下午的工作效率。具体方法是双目从左向右转9次,再从右向左转9次,然后紧闭片刻,再迅速睁开眼睛。

🌳 晚间梳"五经"预防疾病

不仅早上要梳头,晚上也应该梳头。中医认为,头为诸阳之首,梳头"拿五经"可以刺激头部的穴位,起到疏通经络、调节神经功能、增强分泌活动、改善血液循环、促进新陈代谢的作用。

梳头"拿五经"助健康

先用五指分别点按头部中间的督脉,两旁的膀胱经、胆经,左右相加共5条经脉,每次梳3~5次,每次3~5分钟;晚上睡前最好再做3次。经常梳头不仅可使面容红润,精神焕发,还能防治失眠、眩晕、心悸、中风等。

第四节 情志调适,因人而异

人体的情志活动与内脏有密切的关系,而且有其一定的规律。不同的情志刺激可伤及不同的脏腑,使之产生不同的病理变化。中医养生主张一个"平"字,即在任何情况之下都不可有过激之处,如喜过则伤心,心伤则心跳神荡,精神焕散,思想不能集中,甚至精神失常等。心为五脏六腑之大主,一切生命活动都是五脏功能的集中表现,而这一切又以心为主宰,有"心动则五脏六腑皆摇"之说,心神受损又必伤及其他脏腑。故小暑时节的情志调适重点突出"心静"二字,遇到任何事情都要戒躁戒怒,保持心气平和,做到"心静自然凉"。

第五节　易感病症,辨证施护

小暑后易患疾病

心脑血管系统:心脏病、中风。

肠道感染疾病:急性肠胃炎、食物中毒、细菌性痢疾、手足口病等。

皮肤病:晒伤、痱子、丘疹性荨麻疹、痤疮等。

其他:感冒、中暑、空调综合征。

易感病症及施护

心脏病:心血管疾病患者在炎热的夏季应特别注意保护心脏,及时给心脏"消暑"。不能因为怕热而每天窝在家里不活动。但活动锻炼宜在较凉爽的傍晚进行,切忌在烈日下锻炼。活动强度以不感到疲惫为宜,时间不宜超过 1 小时,以减少心脏负荷,防止心肌缺血发作。在室外活动时最好戴上遮阳帽并备足水,防止因周围血管扩张、血容量不足而使得冠状动脉供血减少、心肌缺血而诱发心绞痛。

当天气闷热、空气湿度大时,应减少户外活动,室内最好开启空调,但温度不要太低,隔几个小时要通风换气,这样既可以调节室内的温度,又可以调节室内空气的湿度。

日光性皮炎:对紫外线过敏的人要避免长时间户外活动,在日光强烈时最好早出晚归,早上 10 时到下午 3 时之间尽量避开在室外活动。出门最好带上遮阳伞或戴遮阳帽,或穿上薄的长袖衣服遮挡阳光。在户外活动后可以用冷水敷洗暴露部位。

另外，最好不要吃光敏类蔬菜，如苋菜、荠菜等，因为这些食物可能引起过敏性皮炎。

痱子：平时加强室内通风散热，注意皮肤清洁，勤洗澡，保持皮肤干燥，特别是颈部、腋下等皱褶部位。清洗后扑撒痱子粉可预防痱子发生。

🌳 小暑莫忘鳝补

黄鳝炖汤更能发挥食疗的效果，如果能搭配相应的菜，滋补养生的效果会更好：与红萝卜一起吃，可以明目；加入白菜帮子或山药炖，适用于糖尿病患者；与冬瓜一起炖，有缓解风湿关节病之效；与猪蹄、牛蹄筋一起炖着吃，强筋骨的效果更突出；与猪肉一块煮，吃了能补气；加一些当归炖，具有补血的效果。

🌳 红糖姜茶祛宫寒

一些女性朋友夏天贪凉，好吃冷饮、生食，这样很容易导致寒气进入体内，而一旦没有及时排出，滞留在体内的话就会伤脾伤肝，导致寒邪内生侵害子宫。在盛夏，防寒首先应该从饮食做起，尽量少吃冷食。而且，像西瓜、绿豆等食物，即使是在常温下，其本质也是寒性的，因此这类食物要适可而食。如果现在有两样食物摆在你面前，一样热的，一样凉的，一般人吃起来可能会不讲顺序。其实，最好是先吃热的，再吃凉的。

平时没事喝杯红糖姜茶可化解寒气。如果放在餐前饮的话，还能帮助化解所吃食物的寒气。若是遇到下雨天，还可以在家多煮些姜茶喝，生姜也可以多放几片，对潮湿天气的驱寒是比较有效的。

1. 小暑时节老年人宜多食哪类食物？
2. 小暑时节老年人应如何养心？
3. 小暑时节老年人的运动要点有哪些？
4. 小暑时节老年人的起居有哪些注意事项？

（俞红,刘艳丽）

健康小贴士

大暑赤日炎火烧,避暑乘凉静养好。
苦夏散步茶蒪香,熏艾防蚊防感冒。
瓜蔬豆粥禁生凉,户外湿热防暑伤。

　　大暑是夏季的最后一个节气,时值每年公历 7 月 22 ~ 24 日太阳位于黄经 120°时。"大暑"与"小暑"一样,都是反映气候炎热程度的节令,"大暑"表示炎热至极。我国古代将大暑分为三候:"一候腐草为萤,二候土润溽暑,三候大雨时行。"萤火虫分水生与陆生两种,陆生的萤火虫产卵于枯草上,大暑时,萤火虫卵孵化而出,古人因此认为萤火虫是腐草变成的;第二候是说天气开始变得闷热,土地也很潮湿;第三候是说时常会有大的雷雨出现,大雨过后会使暑湿减弱,天气开始向立秋过渡。

第一节　饮食有节,四时相宜

相　宜

清热祛暑:苦瓜、苦荞麦、苦菜、绿豆汤、西瓜、莲子、冬瓜、荷叶。

健脾利湿:薏米、扁豆。

益气养阴:山药、海参、鸡蛋、牛奶、豆浆、蜂蜜、莲藕、大枣、木耳、百合粥、菊花粥。

相　抗

多油腻：油炸食品、肥肉等。
多寒凉：冷饮、冰镇食品、生冷瓜果等。

适当多吃苦味的食物

在大暑节气适当吃苦味食物，能开胃健脾、增进食欲，不仅可以祛除湿热，还能预防中暑、消除疲劳。此外，苦味食物还能让人产生醒脑轻松的感觉，有利于在炎热的夏天恢复精力、体力，减轻或消除全身乏力、精神萎靡等不适症状。

多吃清热解暑、益气养阴的食物

绿豆汤是民间传统的解暑食物，除脾胃虚寒和体质虚弱的人之外，其他人都可以放心食用。

益气养阴的食物不可少，大暑节气，天气酷热，出汗较多，容易耗气伤阴，人往往会觉得身体虚。因此，除了及时补充水分之外，还应多吃些益气养阴且清淡的食物来增强体质。

蛋白质供给须足够

大暑气温较高，人体的新陈代谢加快，能量消耗大，所以蛋白质的摄入应该酌量增加，每天的摄入量最好为 100～120 克。植物蛋白可以从豆制品中获取，动物蛋白除了可以从奶制品中摄取之外，还应适当吃些肉，如瘦猪肉、鸡肉、鸭肉等平性或凉性的肉类。其中，鸭肉富含蛋白质，不但能及时补充因夏天高温而过度消耗的体能，而且鸭属水禽，性凉，有滋阴养胃、健脾补虚利湿的功效，特别适合夏天上火的人食用。此外，吃鸭肉最好用炖的方法，也可以与莲藕、冬瓜等一同煲汤，既荤素搭配达到营养互补的效果，又能健脾益气、养阴补虚。

谨防"因暑贪凉"

天气炎热时人体出汗较多,毛孔处于开放状态,此时机体最易受外邪侵袭。因此人们在避暑的同时不能过分贪凉,以免因贪图一时舒服而伤及人体阳气,如经常吃冷饮、从冰箱里拿出来东西就吃等做法都是不可取的。老年人消化功能减退,对冷饮的耐受性有所降低,若食入大量冷饮,会引起消化功能紊乱,诱发胃肠疾病,故应少食或禁食冷软。

度暑粥

大暑时节,暑湿之气容易乘虚而入,人的心气易亏耗,年老体弱者容易出现出汗、头晕、心悸、乏力、恶心等中暑症状,宜多吃清热防暑的粥类。推荐几款食疗粥。

绿豆粳米粥

煮法:绿豆60克,粳米100克。将绿豆放入温水中浸泡2小时,再和粳米一起加1000毫升清水煮粥。

功效:祛热毒、止烦渴、消水肿。

西瓜皮粥

煮法:西瓜皮100克,大米50克。将西瓜皮削去外表硬皮,切成丁。大米淘洗干净放入砂锅中,加入适量水和西瓜皮用旺火煮沸,再转用小火煮成粥,调入白糖食用。

功效:清热解暑、利尿消肿。

藿香叶粥

煮法:将鲜藿香叶20克煎汤待用;将100克粳米加水煮粥,待熟时加入煎好的藿香汁。

功效:芳香化浊、清解湿热。

清暑祛湿茶

煮法：准备鲜扁豆花、鲜荷叶、鲜玫瑰花各 20 克，先将荷叶切成
　　　细丝，与扁豆花、玫瑰花放入锅内，加水 500 毫升煎成浓
　　　汁，加适量冰糖食用。

功效：芳香化浊、清解湿热

第二节　起居有常，不妄劳作

起居歌谣

减少外出防中暑，熏艾防蚊防感冒。
早晨一杯温开水，运动前后勿喝水。
汗出较多忌贪凉，晚睡早起加午休。

减少外出防中暑

大暑时应注意室内降温，避免在烈日下曝晒，注意劳逸结合以
防中暑的发生。万一发现有人中暑，应立即将中暑者移至通风处
休息，并给予淡盐水或绿豆汤、西瓜汁、酸梅汤等饮用；也可用风油
精把患者的手涂湿；或取食盐一把，揉擦患者两手腕、双足心、两
胁、前后心八处，直到擦出许多红点，患者即觉轻松而愈。

熏艾防蚊防感冒

艾叶性味辛苦、温，入肝、脾、肾经，有温经止血、散寒止痛、祛
风止痒之功。现代医学药理研究表明，艾叶是一种广谱抗菌抗病
毒的药，它对金黄色葡萄球菌、乙型溶血性链球菌、大肠杆菌、白喉
杆菌、结核杆菌等有不同程度杀灭作用，对腺病毒、流感病毒有一
定抑制作用，对呼吸系统疾病有一定防治作用。

艾叶烟熏是一种简便易行的防疫法，实验研究表明，每平方米

面积取艾叶1～5克进行烟熏30～60分钟,即可对居室起到消毒杀菌作用。此外,熏艾还能防蚊驱虫,可使人免除夏季被蚊虫叮咬之苦。

汗出较多忌贪凉

一是不宜凉水冲脚图凉快。人的脚部是血管分支的最远端末梢部位,脚的脂肪层较薄,保温性差,脚底皮肤温度是全身温度最低的部位,极易受凉。如果夏天经常用凉水冲脚,使脚进一步受凉遇寒,然后通过血管传导而引起周身一系列的复杂病理反应,最终会导致各种疾病。此外,因脚底的汗腺较为发达,突然用凉水冲脚,会使毛孔骤然关闭阻塞,时间长了会引起排汗机能障碍。特别是脚上的感觉神经末梢受凉水刺激后,正常运转的血管组织剧烈收缩,日久会导致舒张功能失调,诱发肢端小动脉痉挛、红斑性肢痛、关节炎和风湿病等。

二是不宜用电风扇直吹人体。电风扇使人凉爽,但如果经常开电风扇对自己直吹,会使人出现打喷嚏、流鼻涕、乏力、头痛、头晕、失眠、肩痛、食欲不振等一系列症状,这就是"风扇病"。预防"风扇病"的关键在于科学使用风扇:首先,使用的时间不可过长,以30分钟到1个小时为宜,并且转速不要太快;其次,电风扇不宜直吹人体,也不要距离太近,吹一段时间后,应调换一下风扇的位置,或人体变换一下方位,以免局部受凉过久;再次,不要开着电风扇睡觉,气温过高时也只能摇头微风,并用定时控制;大量出汗时,不要静坐猛吹。此外,年老体弱者以及久病未愈、感冒、关节炎患者,尽量不用或少用电风扇。

晚睡早起加午休

由于夏天天亮得早,人们起得早,而晚上相对睡得晚,加上天热出汗多的缘故,血液大量集中于体表,大脑血液供应相对减少,人易感觉精神不振,因此,夏季应适当午休,尤其是老年人。午睡时间因人而异,一般以半小时到 1 小时为宜,时间过长反而会让人感觉没有精神。午休时不要贪凉,要避免在风口处睡觉,以防着凉受风,发生疾病。

第三节　动静有度,形与神俱

　　大暑时节老年朋友可根据自身体质特点选择合适的运动方式,但总的原则是强度不宜过大。对于身体健康的老年朋友来说,运动强度以运动后适量出汗、身体有舒服的畅快感、不感觉到疲乏为度。每个人可根据自己的身体情况及喜好选择散步、游泳、太极拳等运动方式。这里推荐三种简单易行的健身防病方法。

静坐转颈叩齿功

　　具体做法是:坐姿,双拳撑地,头部向肩部方向扭动,远视,左右方向各做 20 次。叩动牙齿 40 次,调息,津液咽入丹田 10 次。此功法可治头痛、胸背风毒、咳嗽上气、喘咳心烦、胸膈胀满、掌中热、脐上或肩背痛、中风、多汗、心情郁结、健忘等。

天柱穴

　　方法:将大拇指贴住天柱穴,把小指和食指贴在眼尾附近,然后头部慢慢歪斜,利用头部的重量,压迫拇指,按摩天柱穴。

　　作用:预防中暑,改善头晕、耳鸣等中暑症状。

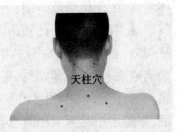

天柱穴

大 椎 穴

方法：用食、中两指用力按住大椎穴,揉动 100～200 次。

作用：降温退热,特别适合治疗感冒后高热不退的病症。

第四节　情志调适,因人而异

消暑切莫动肝火,平和心态利养心。

晚睡早起加午休,增强体质抗疾病。

中医有"天人相应"的养生学说,即人体的精神心理、心态情绪会随着自然和季节气候的变化而发生微妙的变化,气候变化会引起人生理和精神情绪的变化。大暑时节高温酷热,人们易动"心火",会产生心烦意乱、无精打采、思维紊乱、食欲不振、急躁焦虑等异常。这是"情绪中暑"所引起的。现代医学生理学也认为,人的神经细胞对夏日的气温、气压、湿度、气流等气象要素的变化高度敏感,高温会影响人体下丘脑的情绪调节中枢,继而影响大脑的神经活动和内分泌系统,于是产生一系列类似"中暑"的多种症状。

"情绪中暑"对夏日养生和身心健康的危害甚大,特别是年老体弱者,由于情绪障碍时会造成心肌缺血、心律失常和血压升高,甚至会引发猝死,因此预防"情绪中暑"特别重要。第一要避免不良刺激,心态宜清静;第二要心理纳凉,可采用"心理暗示"和"心理纳凉法"等法调整情绪,想象自己处于大自然之中,绿树摇曳、飞泉漱玉,使你心旷神怡、心平气和;第三要调整起居,保证充足的睡眠,午睡半小时到 1 小时,因睡眠与情绪和免疫力密切相关,睡眠不足则抵抗力差。

第五节　易感病症，辨证施护

大暑后易患疾病

肠道感染疾病：急性肠胃炎、食物中毒、细菌性痢疾、手足口病等。

皮肤病：晒伤、痱子、丘疹性荨麻疹、痤疮等。

虫媒传染病：流行性乙型脑炎、鼠疫、疟疾等。

其他：感冒、中暑、空调综合征。

易感病症的施护

痢疾：注意饮食卫生，不喝生水，不吃生冷变质的食物。制作食品时应生熟分开，已经烹调好的食品，不要再放回盛过生食品的碗内。餐具、食物等要做好洗涤消毒工作。另外，要少吃油腻、多吃清淡食物，不要吃隔夜菜、打开的水果，如西瓜尽量要一次吃完或用保鲜膜将其封好后再放到冰箱里保存，冰箱保存时间最好也别超过24小时。

中暑：夏季出门，最好避开上午10时至下午4时这个时间段。外出一定要做好防护工作，如打遮阳伞、戴遮阳帽、戴太阳镜，准备充足的水和饮料；随身携带一些防暑降温药品，如十滴水、风油精等。衣服也尽量选用棉、麻、丝类等织物，少穿化纤品类衣服，以免大量出汗时不能及时散热，引起中暑。

感冒：多喝水，饮水要少量多次，一般每次以300毫升至500毫升为宜，必要时可以喝点淡盐开水。其次，睡眠对治疗夏季感冒也颇有帮助，要保证8小时睡眠时间。要合理饮食，多吃一些瘦肉，以增加蛋白质的摄入量。

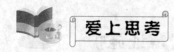

1. 大暑时节老年朋友宜多食哪类食物？
2. 大暑有助于降温的人体穴位有哪些？
3. 大暑时节中暑应如何处理？
4. 如何预防"情绪中暑"？

（俞红，刘艳丽）

立 秋

 健康小贴士

> 立秋凉风虎热防,舒畅情志防肺伤。
> 散步太极除秋乏,秋收少吃葱姜辣。
> 酸果菠乳柔润味,防暑除湿护脾胃。

　　每年公历的8月7日或8日视太阳到达黄经135°时为立秋。立秋是秋季的第一个节气。"立"是开始之意,"秋"表示庄稼成熟。立秋时节,万物成熟收获,天地间的阴气逐渐增强,而阳气则由"长"转"收"。我国古代将立秋分为三候:"初候凉风至,二候白露降,三候寒蝉鸣。"虽然我国民间有"立秋之日凉风至"的谚语,但由于中国地域辽阔,每个地方的纬度、海拔高度不同,各地是不可能在立秋这一天同时进入凉爽的秋季的。事实上,由于立秋常处于三伏天的末尾阶段,此时盛夏余热未消,秋阳肆虐,很多地方的天气还非常炎热,故有"秋老虎"之称。

第一节　饮食有节,四时相宜

相　宜

　　增酸:橘子、柠檬、葡萄、苹果、石榴、杨梅、柚子等。
　　润肺:芝麻、百合、蜂蜜、乳制品等。
　　防暑:绿豆汤、莲子粥、百合粥、薄荷粥等。

相　抗

增辛：葱、姜、蒜、韭菜、辣椒等。

多油腻：油炸食品、肥肉、羊肉、狗肉等。

多盐：鸡精、盐、腌制食品等。

"少辛增酸"以敛肺

因为辛味发散泻肺，酸味收敛肺气，而秋天肺气宜收不宜散，因此要少辛辣、多增酸。

"滋阴润肺"促食欲

立秋后燥气当令，燥邪易伤肺，故饮食应以滋阴润肺为宜，可适当食用滋阴润肺的食物。另外，因立秋时暑热之气还未尽消，天气依然闷热，故仍需适当食用防暑降温之品，此类食物不仅能消暑敛汗，还能健脾开胃、促进食欲。

"营养均衡"少摄油

到了秋天，天气转凉，人们的食欲也比酷暑时节好了不少，热量的摄入也因此而大大增加。再加上气候宜人，人的睡眠充足，为迎接寒冷冬季的到来，人体内还会积极地储存御寒的脂肪，因此，身体摄取的热量多于散发的热量。所以，在秋季既要多吃有营养的东西，增强体力，另一方面也要小心体重增加，尤其是本身就肥胖的人。尽量不要吃重油腻味的食物，以免加重肠胃负担，使体温、血糖上升，使人萎靡不振，产生疲惫感。

第二节 起居有常,不妄劳作

起 居 歌 谣

早卧早起,与鸡俱兴;早睡早起,保证睡眠充足。
注意衣着,防止感冒;按时添衣,做好保暖措施。
及时补水,防止秋燥;多喝热水,暖暖胃不生病。

🌳 早卧早起以敛阳

立秋后,自然界的阳气开始收敛、沉降,人应开始做好保养阳气的准备。在起居上应做到"早卧早起,与鸡俱兴"。早睡可以顺应阳气的收敛,使肺气得以舒展,且防收敛太过。

秋季适当早起,还可减少血栓形成的机会,对于预防脑血栓等缺血性疾病的发生有一定意义。

一般来说,秋季以晚上 9 ~ 10 点入睡、早晨 5 ~ 6 点起床为宜。

🌳 使用空调须谨慎

立秋后天气依旧很炎热,很多人仍像夏季一样用空调来降温。必须提醒大家注意的是,立秋后尽量不要在晚上睡觉时使用空调。因为立秋后虽然暑热未尽,但昼夜温差逐渐加大,往往是白天酷热、夜间凉爽,如果在晚上睡觉时使用空调,容易使人出现身热头痛、关节酸痛、腹痛腹泻等症状。另外,睡觉时也不宜对着门窗,以免受到冷风侵袭而致病。

🌳 注意衣着防流感

秋令气温多变,即使在同一地区也会出现"一天有四季,十里不同天"的情况。虽然有"秋老虎"之说,但秋季和夏季毕竟不同,清晨的气温已经开始有些低了,锻炼时一般出汗较多,稍不注意就有受凉感冒的危险。因此,千万不能一起床就穿着单衣到户外去活动,而要给身体一个适应的时间。

在这个时令,建议多备几件秋装,如夹衣、春秋衫、绒衣、薄毛衣等,做到酌情增减。

第三节　动静有度,形与神俱

> 做好准备防拉伤,晨起锻炼不空腹。
> 循序渐进勿过猛,晨跑锻炼不路边。
> 运动保护防损伤,酒足饭饱不运动。
> 调整饮食强体力。锻炼同时保睡眠。

盛夏时人的皮肤湿度和体温升高,大量出汗使水盐代谢失调,胃肠功能减弱,心血管系统的负担增加,人体过度消耗的能量往往得不到及时有效的补偿。立秋以后,天气渐渐转凉,人体出汗减少,体热的产生和散发以及水盐代谢也逐渐恢复到原有的平衡状态,人体因此会感到舒适,并处于松弛的状态,机体随之会有一种莫名的疲惫感,这就是我们常说的"秋乏"。此时,适当的运动可有效驱除"秋乏"。

立秋后的运动量与夏季相比可适当增大,运动时间也可适当加长,但要注意强度不可太大,以防出汗过多,阳气耗损。

喜爱运动健身的老年朋友可根据自己的体质和爱好,选择慢跑、爬山、球类等比较适合在秋季进行的运动。

慢跑步

慢跑步是目前最佳的有氧运动,它能增强血液循环,改善心脏功能;改善脑的血液供应,减轻脑动脉硬化,使大脑正常工作。慢跑步还能有效地刺激代谢,增加能量消耗,有助于减肥健美。

对于中老年人来说,慢跑步能大大减少由于不运动而引起的肌肉萎缩及肥胖症,减缓心肺功能衰老,降低胆固醇,减少动脉硬化,有助于延年益寿。

慢跑时长每次≥40分钟,速度以中速或慢速为主。

爬　山

立秋之后,气温会随季节的变化而下降,而空气温度是随着山坡高度的上升而递减的,加之早晚温差大,这时爬山可以使人的体温调节机制不断处于紧张状态,从而提高人体对环境变化的适应能力。另外,爬山对心肺功能的锻炼效果尤佳。

登高速度要缓慢,上下山时可通过增减衣服来达到适应温度的目的。

冷水浴

就是用5℃~20℃之间的冷水洗澡,秋季的自然水温正是在这一范围内。冷水浴的保健作用十分明显:首先,它可以加强神经的兴奋功能,使人精神爽快、头脑清晰;第二,冷水浴可以增强人体对疾病的抵抗能力,因此被称作是"血管体操";第三,洗冷水浴还有助于增强消化功能,对慢性胃炎、胃下垂、便秘等病症有一定的辅助治疗作用。

冷水浴锻炼必须采取循序渐进的方法,包括洗浴部位由局部到全身,水温由高到低以及洗浴时间由短到长。

第四节　情志调适，因人而异

> 宁心静气勿忧伤，主动排解伤神事。
> 乐于沟通与交流，补维生素养精神。

立秋后老年朋友在精神方面要做到内心宁静、心情舒畅，切忌悲忧伤感，即使遇到伤心的事，也应主动予以排解，以避肃杀之气，同时还应收敛神气，以适应秋天容平（形容万物丰收的景象）之气。

🍃 警惕秋季心理疾病

秋季天干物燥，人容易感到烦躁，情绪不太稳定，容易导致抑郁症等心理方面的疾病。一定要保持开朗的性情，让自己快乐起来，多和别人交流，平心静气地对待每一件事，只有这样才能防止自己产生抑郁的心理阴影。

🌳 立秋后补点维生素养精神

立秋后建议老年朋友适当补充维生素 B_1、B_2 及烟碱酸。天热饮水量增加，出汗多，维生素 B 群容易流失。

维生素 B_1 负责将食物中的碳水化合物转换成葡萄糖，葡萄糖提供脑部与神经系统运作所需的能量，少了它，体内的能量不足，人就会无精打采。维生素 B_2 也负责转化热能，它可以帮助蛋白质、碳水化合物、脂肪释放出能量。

烟碱酸又名维生素 B_3，它和维生素 B_1、B_2 一起负责碳水化合物的新陈代谢。如果缺乏烟碱酸，人们就会焦虑、不安、易怒。

🍃 补充维生素C

炎热天气，大量汗液的排出导致水溶性维生素迅速流失，特别是维生素 C，夏秋时节的需求会多于冬天，因此，当天热感到疲乏时，应该适当补充维生素 C，以缓解疲劳感。

第五节　易感病症，辨证施护

立秋后易患疾病

呼吸系统：流感、支气管炎、肺炎、哮喘、过敏性鼻炎、咽喉炎。
风湿系统：关节炎、肩周炎。
传染病：乙脑、皮肤病、肠炎、痢疾。

预防风燥感冒

风燥感冒除了有一般感冒的症状，如头疼、咽喉肿、鼻塞外，一个比较明显的区别是"干"——咽喉干、嗓子紧，连咳嗽都是干咳，没有痰。感冒初期先表现出干燥的症状，如果不及时润燥补水，就会加重病情。

合理饮食来润肺

生活中，除了水嫩嫩的果蔬，还有一样干果润肺效果也很好，就是杏仁。《本草纲目》中列举了杏仁的三大功效——润肺、清积食、散滞，排在第一的就是润肺功能。每天吃 10 克左右的杏仁，在一定程度上有助于预防风燥感冒。解燥润肺效果好的是甜杏仁，可以将之当成加餐的零食吃，也可以将 10 克杏仁磨成粉，加点冰糖冲着喝。中医认为冰糖具有润肺、止咳、清痰、去火的作用。如果觉得磨粉比较麻烦，可以直接买杏仁奶、杏仁露喝，或者买现成的杏仁茶粉冲喝。

此外，冬瓜既可以祛湿又可以清热，是清肺祛湿最好的食物。《本草纲目》认为冬瓜主治小腹水胀，利小便，止渴。在中医药用中，多采用冬瓜皮来治疗水肿。食疗的过程中，建议多吃冬瓜，它和冬瓜皮的药用效果是相同的。湿气重的时候，人的舌苔比较厚、比较白,大便不成形。这一症状多集中在肥胖人群。对此,建议适当多食用冬瓜汤,不仅清肺祛湿,还具有减肥的作用。

> **小贴士:**生活中,不少老年人喜欢将冬瓜子晾晒干炒制食用。在中医中,冬瓜子有润肺化痰的作用,一般用生的冬瓜子煮在药里,如果炒制则会降低其润肺的功效。

按摩掐穴去肺火

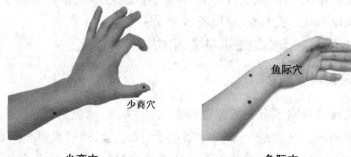

少商穴

鱼际穴

当人体的肺热现象很严重的时候,如嗓子疼、肿以及咳嗽等,用手指甲掐按鱼际穴和少商穴,每次掐按 10 次左右,可起到辅助的去肺火功效。

少商穴位于大拇指指甲盖左下侧 0.1 厘米的地方。

鱼际穴位于手掌骨中间,手掌里侧偏白,外侧偏红,鱼际穴就在这之中。

 爱上思考

1. 立秋后应如何改善饮食?
2. 立秋后应如何预防感冒?
3. 立秋后老年人应如何运动? 运动时应注意些什么?
4. 立秋后天干物燥、心情烦闷,应如何排解?

（李惠玲,吕淑娇）

 健康小贴士

尽量早睡一小时,伸伸懒腰促清醒。
水和流食适量增,多食清热安神物。
避免过早添衣物,护脐养胃重保暖。

　　每年阳历 8 月 23 日前后太阳黄经到达 150°时为处暑。"处"者去也,止也,含有"躲藏"、"终止"之意,说明暑天将近结束,提醒人们真正的秋天还没到,还有热天气的时候。处暑正处于由热转凉的交替时期,人体阴阳之气的盛衰也将随之转换,因此需要做好"换季"的准备。处暑后,绵绵秋雨有时会提前到来,因此谚语有"一场秋雨一场寒"之说。这一时节,白天气温虽然仍会很高,但早晚温度低,温差大,要预防感冒的发生。秋天气候多变,经过炎热的夏季后,人体内耗较大,导致免疫力下降。随着气温的逐渐降低,病毒乘虚而入,借助呼吸道疾病侵入人体。特别是初秋时节,气温差异明显,午后的对流天气及大范围的冷空气活动都会造成气温骤降。因此,处暑时节,人们要注意增减衣服,小心受凉感冒。

第一节　饮食有节,四时相宜

相　宜

增酸:柠檬、葡萄、杨梅、菠萝、西红柿、山楂等酸味果蔬。
润肺:芝麻、百合、蜂蜜、乳制品等。

养心阴：冰糖莲子粥、冰糖百合粥、小米红枣粥、藕粉、桂圆肉
　　　　水等。

相　　抗

增辛：葱、姜、蒜、韭菜、辣椒等。
多油腻：油炸、烧烤食品等。
多寒：香瓜、西瓜等。

"少辛增酸"防秋燥

　　处暑时节后的养生重点是预防"秋燥"和"秋乏"。中医认为，"春夏养阳，秋冬养阴"。秋季里有一个非常著名的养阴法则，叫"少辛增酸"。意思就是，用增酸的方式来收敛过旺的肺气，用少辛的方式来减少肺气的耗散。酸性食物有非常强的滋阴效果，吃酸性的食物能够缓解我们身体的"旱情"，处暑时节宜适当多吃些酸味的水果，而像西瓜这类大寒的瓜果，则宜少吃或者不吃。少辛同样是为了减少肺气的耗散。吃过于辛辣的食物会导致身体发汗，肺部的阳气通过汗液从体内发泄出，阳气发散了自然身体也就凉了。所以说，处暑之后不宜吃味辛的东西，比如辣椒、花椒、生姜等辛热食物，更不宜吃烧烤食物，以免加重秋燥的症状。

"多增流食"补水分

　　适当增加水和流食的摄入量，提倡采用"五一二"的方法："五一"的意思是5个1杯，即早晨起床后喝1杯白开水、早餐时喝1杯豆浆、午餐时喝1碗汤、晚餐时喝1碗粥、睡前半小时喝1杯牛奶；"二"的意思是上下午各喝2杯茶。

　　如果早晨起来感觉口干咽干，可喝点淡盐水。中医有"朝朝盐水，晚晚蜜汤"的说法。早上喝淡盐水，洗肠又解毒，而且有少许消炎作用，可润肠胃通大便；晚上喝蜂蜜水有助于美容养颜，并可补

充各种微量元素,很适合在处暑时饮用。

"滋阴润肺"助养颜

处暑时天气较干燥,燥邪易灼伤肺津,宜多食具有养阴润肺作用的食物。

最具代表性的养阴润肺食品是蜂蜜。蜂蜜有养阴润燥、润肺补虚、润肠通便、解药毒、养脾气、悦颜色的功效,因此被誉为"百花之精"。蜂蜜中含有与人体血清浓度相近的多种无机盐,还含有丰富的果糖、葡萄糖,多种维生素,多种有机酸和有益人体健康的微量元素,如铁、钙等。尤其是蜂蜜中的果糖、葡萄糖,都可不经过消化而直接被人体吸收利用,是理想的营养佳品。睡前食用蜂蜜,可以改善睡眠,使人尽快入睡。

银耳亦是养阴润肺佳品。中医认为,银耳味甘淡性平,归肺、胃经,具有润肺清热、养胃生津的功效,可防治干咳少痰或痰中带血丝、口燥咽干、失眠多梦等病症。

除此之外,还可多食用梨、百合、芝麻、牛奶、鸭肉、莲藕、荸荠、甘蔗等滋阴润肺食物。

第二节　起居有常,不妄劳作

起居歌谣

早卧早起,以应秋候;早睡早起,适应入秋气候。
多变之秋,应防贼风;避风而卧,以防邪风侵体。
适当秋冻,酌情减衣;入秋未寒,不着急添衣物。

早卧早起以应秋候

处暑时节正处在由热转凉的交替时期,自然界的阳气由疏泻趋向收敛,人体内阴阳之气的盛衰也随之转换。此时人们应早睡早起,保证睡眠充足,每天应比夏季多睡 1 个小时。早睡可避免秋天肃杀之气,早起则有助于肺气的舒畅。午睡也是处暑时的养生之道,通过午睡可弥补夜晚睡眠不足,有利于缓解秋乏。午睡对于老年人而言尤为重要,因为老年人气血阴阳俱亏,易出现昼不寝、夜不寐的少寐现象。《古今嘉言》认为老年人宜"遇有睡意则就枕",这是符合科学养生观点的。

多变之秋应防贼风

处暑时节昼夜温差大,往往昼热夜凉。夜晚时分,凉风习习,人体易受"贼风"侵袭。如果"贼风"吹在熟睡者的头面部,翌日清晨易得偏头痛,甚至发生口眼歪斜流涎;如果"贼风"吹在腹部,则易引发腹泻;如果"贼风"吹在暴露于外的肢体,还会使肌肉处于紧张性收缩状态,让人不能充分休息,导致翌日全身酸痛、困乏无力。故老年人入睡时一定要避风寒而卧。

室内保湿避热补水

中医认为,秋主燥,燥热耗气伤阴。气虚导致四肢无力、神疲懒言;阴虚则可见咽干、口干、鼻子干。一般来讲,人体感觉最舒适的空气相对湿度是 40%~60%,过高过低都会感觉不舒适。由于秋天空气中的水汽含量小,其相对湿度下降,特别是相对湿度低于30% 以下时,就会感觉皮肤干涩粗糙、鼻腔干燥疼痛或口燥咽干、大便干结等,需要及时采取预防措施以避免发展为疾病(即"秋燥症"),因此在生活中要注意保持室内的湿度,及时适当地补充人体内的水分。居室内养鱼、养些盆栽如文竹、柑橘、吊兰、橡皮树等也有助于"补水"。

适当秋冻酌情减衣

"春捂秋冻"是古人根据春秋两季气候变化特点而提出的穿着方面的养生原则,有一定参考价值,但在现实生活中,要根据实际情况灵活掌握,不能死搬硬套,要把握好"冻"的度。

处暑时节,正值初秋,暑热尚未退尽,此时不宜过多过早地添加衣服,而应以自身感觉不过寒为准,以便使机体逐渐适应凉爽的气候,从而提高机体对低温环境的适应能力。

但是,由于每个人对于环境温度的适应能力不同,因此"秋冻"更宜因人而异,添衣与否应根据天气的变化来决定。

初秋时节,天气变化无常,若要安逸,勤脱勤换,因此,应多备几件秋装,做到酌情增减、随增随减。老年人的抵抗力弱,代谢功能下降,血液循环减慢,既怕冷又怕热,对天气变化非常敏感,更应及时增减衣服。

第三节　动静有度,形与神俱

进入处暑时节,早晚天气逐渐变得凉爽起来,正是运动养生的最佳时机,在这个时节中,适当做一些小运动,会让身体始终处在健康又有活力的状态。

倒走健身法

倒走是人体的一种反向运动。它消耗的能量比散步和慢跑大,对腰臀部、腿部肌肉锻炼效果明显。

(1)准备活动:原地轻轻活动踝关节、膝关节,并做腰部回环。

(2)先原地踏步走:要求全身放松,两臂前后摆动,大腿带动小腿踏步,提足跟,脚尖不可离开地面,练习1分钟,然后再抬高大腿,足掌稍离地面,练习2分钟。

(3)在原地踏步感觉适应的情况下,高抬腿轻落步向后走。开始步子要稳,不可过大和过快。可以走走停停,两臂轻松地前后摆动,用以维持身体平衡。

（4）腰痛、关节炎患者，每天进行倒走练习2~3次，每次100~400步，中间休息2分钟，往复4~5次。

小贴士： 不可在公路上进行，以免发生事故。在公园或树林进行锻炼时，一定要注意周围的树、石头等，以免跌倒或撞伤。

摩足有助强身健步

摩足能滋阴降火，强腰健肾，益精填髓。搓摩足心，可以促进血液循环，刺激神经末梢，对失眠多梦有很好的疗效。

（1）搓足心：可早晚两次在床上进行，两脚心相向，先把双手掌摩擦生热，然后左手搓右脚心、右手搓左脚心，至脚心发热。

（2）按压涌泉穴：涌泉穴位于脚底心凹陷中，在足底前1/3和后2/3交界处，用中指或食指端由脚心向脚趾方向作按摩，每次按100~200下，每隔几天加按10次，最后可加至500次，日久可起到强身健步的作用。

小贴士： 循序渐进，运动量由小到大，持之以恒。

第四节　情志调适，因人而异

淡泊名利不攀比，知足常乐平常心。
打打哈欠助睡眠，气定神闲延年寿。

处暑时节宜收敛情绪、平静思维，不要向外张扬，以适应秋季肃杀、阳气收敛的特征。多一点淡泊，少一点私欲，能让心情愉悦，从而达到调适情志的目的。

人非草木，孰能无情？人在认识周围事物或与他人接触的过程中，总是表现出某种相应的情感。其中，忧是一种非常典型的情感。忧会损伤人的肺脏，忧愁过度若长期无法消除则会引起一系列病症。

忧郁会使人觉得疲累、无力、人生没有意义、绝望,严重者甚至想要放弃生命。但是,只要努力,忧郁也是可以排解的,具体可以从以下方面入手:

● 不要定下难以达到的目标或承担太多责任。

● 把比较大的目标分成几个小目标,分优先顺序,逐一实现。

● 不要对自己期望太高,这将会增加挫折感。

● 设法和积极向上的人在一起,减少独处的时间。

● 参与能使自己心情愉悦的活动,如打球、看电影、参加社交活动等。

● 尽量帮助自己、宽待自己,不要因为未能达到水准以上的表现而责备自己。

● 切记不要接受负面的想法。

● 当你自己觉得忧郁现象日趋严重时,要立刻去找心理医生。

● 如果家人或朋友出现忧郁的症状,要鼓励并且陪伴他们去找心理医生咨询。

● 如果出现轻微的忧郁,休个假,尽情享受自己的爱好,从事剧烈运动或社交活动,通常都可以使情绪得到改善。

● 越早治疗,效果越好。

● 慎防自伤或伤人倾向。

第五节　易感病症,辨证施护

 处暑后易患疾病

呼吸系统:流感、支气管扩张。

过敏性疾病:寒冷性荨麻疹。

传染病:乙脑、肺结核。

处暑时节除疟疾

疟疾又叫"冷热病"、"打摆子",是经按蚊叮咬或输入带疟原虫者的血液而感染疟原虫所引起的虫媒传染病,也是夏秋之季最常见的传染病。

寄生于人体的疟原虫共有四种,不同的疟原虫分别引起间日疟、三日疟、恶性疟及卵圆疟。

在中医上,常山、鸦胆子、青蒿等均有很好的预防效果。

 爱上思考

1. 处暑后应如何改善饮食?

2. 处暑时节老年人应如何运动? 运动时应注意些什么?

3. 处暑时节起居生活应注意些什么?

4. 处暑后易"悲秋"、心情郁结,应如何排解?

(李惠玲,吕淑娇)

 健康小贴士

白露露身凉伤身,收敛宁静精气神。
早睡早起夜间冷,滋阴益气防燥病。
秋果菊藕桂花香,上中下燥甘润养。

　　白露适逢每年公历的 9 月 7～9 日,此时太阳到达黄经 165°。
这个时间段农作物即将成熟,秋老虎也将逝去,天气转凉,早晨草
木上开始有了露水。到了白露,阴气逐渐加重,清晨的露水随之日
益加厚,凝结成一层白色的水滴,所以就称之为白露。我国古代将
白露分为三候:"一候鸿雁来,二候玄鸟归,三候群鸟养羞。"进入
白露节气后,冷空气分批南下,往往带来一定范围的降温,常常是
白天的温度达三十几度,而夜晚时就下降到二十几度,昼夜温差可
达十多度。

第一节　饮食有节,四时相宜

相　宜

增辛:韭菜、香菜、米酒等。
滋阴:南瓜、核桃、芝麻、百合、蜂蜜、乳制品等。
益气:糯米、莲藕、杏仁、大枣等。

相　抗

增凉：西瓜、香瓜等。

增苦：苦瓜、莴笋等。

增油腻：肥肉、油炸食品等。

🌳 "减苦增辛"助肝气

孙思邈《摄养论》曰："八月，心脏气微，肺金用事。减苦增辛，助筋补血，以养心肝脾胃。"因此，白露时应适当吃些辛味食物，如韭菜、香菜、米酒等；少吃苦味食物，如苦瓜、莴笋等。适当增加辛味食物可以助肝气，使肝木免受肺金克制。

🌳 "滋阴益气"易生津

白露时气候干燥，而燥邪易灼伤津液，使人出现口干、唇干、鼻干、咽干、大便干结、皮肤干裂等症状。预防燥邪伤人除了要多喝水、多吃新鲜蔬菜水果外，还宜多食百合、芝麻、蜂蜜、莲藕、杏仁、大枣等滋阴益气、生津润燥食物。

🌳 "秋瓜坏肚"易伤胃

民谚说"秋瓜坏肚"，是指立秋以后生食大量瓜类水果容易引发胃肠道疾患。"甜蜜"的瓜果易生食滞，从而阻碍脾胃的运动消化功能。如果立秋后再大量生食瓜果，势必更助湿邪、损伤脾阳、脾阳不振。因此，立秋之后应少食瓜类水果，脾胃虚寒者尤应禁忌。

第二节　起居有常，不妄劳作

起居歌谣

白露身不露，着凉易泻肚；早晚添衣，防止着凉。
室内多通风，灭菌防流感；按时开窗，通风换气。
早晚添衣物，出行戴口罩；添衣盖被，注意防霾。

🌳 早晚添衣夜盖被

常言道："一场秋雨一场凉。"白露时天气已转凉，在着衣方面应注意避免受凉，宜换上长衣长袖类服装。尤其是腹部，更要注意保暖，否则脾胃易受寒而引起腹泻。白露时昼夜温差较大，早晚应添加衣服，尤其是年老体弱之人，更应注意适时加衣。但添衣不能太多太快，应遵循"春捂秋冻"的原则，适当接受耐寒训练，可提高机体抵抗力，对安度冬季有益。夜间睡觉时尽量不要开窗，并注意盖好被子。

俗语有"白露身不露"一说，如果这是再赤膊露体，就容易受凉，轻则易患感冒，重则易染肺疾。

🌳 室内空气多通风

秋主"燥"，因此必修保持居室内外空气流通，以达到让室内空气洁净新鲜的目的。但此时呼吸道疾病多因受凉而发生，所以在开窗通风的同时也应当注意保暖。另外，不宜到空气污染严重的地方去活动。例如，有晨雾、雾霾天气等尽量不外出，若必须外出则要佩戴防雾霾口罩；不要在晨雾中锻炼。夜晚时在屋内放一盆清水，对缓解秋燥也有一定的效果。

良好睡眠最养生

中医认为,"眠食二者,为养生之要务"。良好的睡眠能补充能量、恢复精力,有"养阴培元"之效。子时是一天中阳气最弱、阴气最盛之时,此时睡觉最能养阴,睡眠质量也最佳,往往能达到事半功倍的养生效果。而头是"诸阳之首",是指挥和调节人体各种活动的中枢神经系统。梳头是脑部运动最理想的方式,每天晚上睡前梳一次,能够按摩穴道睡得更安稳。

第三节 动静有度,形与神俱

秋令时节坚持锻炼,不仅可以调养肺气,提高肺脏功能,而且有利于增强各组织器官的免疫功能和身体对外部寒冷刺激的抵御能力。然而,由于秋季早晚温差大,要想收到良好的健身效果,必须注意三防:

● 一防受凉感冒。秋日清晨气温低,应根据户外的气温变化来增减衣服。锻炼时应待身体发热后方可脱下过多的衣物。锻炼后不要穿汗湿的衣服在冷风中逗留,以防身体着凉。

● 二防运动损伤。由于人的肌肉韧带在气温下降环境中会反射性地引起血管收缩,肌肉伸展度明显降低,关节生理活动度减小,神经系统对运动器官调控功能下降,因而极易造成肌肉、肌腱、韧带及关节的运动损伤。因此,每次运动前一定要注意做好充分的准备活动。

● 三防运动过度。秋天人体的阴精阳气正处于收敛内养阶段,故运动也应顺应这一原则,即运动量不宜过大,以防出汗过多导致阳气耗损,运动宜选择轻松平缓、活动量不大的项目。

推荐几种白露时节适宜的健身运动:

健美操

健美操四季皆宜,但是,在秋风瑟瑟中跳健美操更有助于提高因秋凉而衰退的人体活动机能,加速血液循环,使其不会在秋风秋雨中失去平衡,并保持轻松愉快的精神状态。

小贴士:选择运动量适度的健美操,跳前先做准备活动,运动量以不感到疲累为度。

蹬自行车

自行车是我们常用的一种交通工具,但是骑自行车也是一种运动锻炼的方式,它不只可以减肥,还能使身材更为匀称。俗话说:"千金难买老来瘦。"不过,老年人减肥不应靠节食的方法,适当运动可以起到很好的瘦身效果。适当的运动能使人体分泌出一种激素,这种激素使人心胸开阔、精神愉悦。研究表明,自行车运动能产生此类激素,并且能令人感觉舒适畅快。而且骑自行车与跑步、游泳一样,是一种最能改善人体心肺功能的耐力性锻炼。

小贴士:骑车前先做准备活动,等韧带拉开后再骑。锻炼过后再做准备活动,以放松紧张的肌肉。

第四节　情志调适,因人而异

白露时自然界已现"花木凋零"景象,所谓"秋风秋雨愁煞人",这一时节人很容易出现消沉的情绪。为了避免不良情绪影响,我们应收敛神气,保持心境平和。

以下介绍几种放松心情的方法:

● **想哭就哭**:心理学家研究发现,人悲伤的时候流出的眼泪中蛋白质含量很高。这种蛋白质是由于精神压抑而产生的有害物质,聚积在体内对人体不利,而流眼泪则有利于这种有害物质的排放,从而减轻心理压力、保持心绪舒坦轻松。因此,人们应该转变对哭泣的认识,在日渐萧瑟的秋季,如果有什么不开心的事情就把它发泄出来,因为哭泣是一种自然的生理现象,强忍眼泪对健康是有害的。

● 听音乐:音乐是人类情感最有效的表达方式,从养生保健的角度看,听音乐是最时尚的养生美容大法。当然,针对不同的情绪特征也有不同的音乐选择。

小贴士:生气时忌听摇滚乐;听音乐要适时适地;空腹时不要听音乐;吃饭时不要听打击乐。

第五节　易感病症,辨证施护

白露后易患疾病

呼吸系统:流感、支气管炎、哮喘、过敏性鼻炎。
消化系统:腹泻、下痢、肠胃炎。
循环系统:心梗、高血压、冠心病。

腹泻

易患原因:经过炎夏和秋暑的消耗,人体的消化功能逐渐下降,肠道抗病能力也有所减弱,稍有不慎,就可能发生腹泻。

处理及预防:容易上火的食物尽量少吃,无论肉类或瓜蔬、水果都要注意新鲜。

过敏性疾病

易患原因:鼻腔疾病、哮喘病和支气管病。特别是对于那些因体质过敏而引发的疾病。

处理及预防：在饮食调节上更要慎重。凡是易因过敏而引发支气管哮喘的病人，平时应少吃或不吃鱼虾海鲜、生冷炙烩腌菜、辛辣酸咸甘肥的食物。

 温燥

易患原因：常见症状有干咳无痰，或者有少量黏痰，不易咯出，甚至可见痰中带血，兼有咽喉肿痛，皮肤和口鼻干燥，口渴心烦，舌边尖红，苔薄黄而干。初发病时，还可有发热和轻微怕冷的感觉。

处理及预防：适当多服一些富含维生素的食品，也可选用一些宣肺化痰、滋阴益气的中药，如人参、沙参、西洋参、百合、杏仁、川贝等，对缓解秋燥多有良效。

按揉太溪穴

位置：太溪穴位于足内侧，内踝后方与脚跟骨筋腱之间的凹陷处。

主治疾病：肾脏病、牙痛、喉咙肿痛、气喘、支气管炎、手脚冰凉、关节炎、精力不济、手脚无力、风湿痛等。

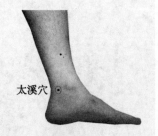

太溪穴

太溪穴在脚内踝后缘的凹陷当中。很多人在揉太溪穴时根本没反应，尤其是身体虚弱的人，而且一按就凹陷下去了。这时，不痛的一定要把它揉痛，痛的则要把它揉得不痛。

1. 白露后应如何改善饮食?
2. 白露后应如何预防感冒?
3. 白露后老年人应如何运动? 运动时应注意些什么?
4. 白露后心情郁结应如何排解?

（李惠玲,周坤）

秋 分

 健康小贴士

一场秋雨一场寒,早晚添衣要及时。
温润调养以护肺,养阴防燥以益胃。
运动锻炼因人异,收敛神气更安心。

　　秋分在每年公历的 9 月 22～23 日,此时太阳到达黄经 180°。
"秋分"有两个含义:一是太阳在这时到达黄经 180°,一天 24 小时
昼夜均分,各 12 小时;二是按我国古代以立春、立夏、立秋、立冬为
四季开始的季节划分法,秋分日居秋季 90 天之中,平分了秋季。
从秋分这一天起,气候主要呈现出三大特点:一是阳光直射的位
置继续由赤道向南半球推移,北半球昼短夜长的现象将越来越明
显,白天逐渐变短,黑夜变长(直至冬至日达到黑夜最长,白天最
短);二是昼夜温差逐渐加大,幅度将高于 10℃以上;三是气温逐
日下降,一天比一天冷,逐渐步入深秋季节,正所谓"一场秋雨一场
寒"。南半球的情况则正好与此相反。

第一节　饮食有节,四时相宜

相　宜

辛酸:白萝卜、胡萝卜、柑橘、苹果、山楂、葡萄等。
润肺:芝麻、梨、藕、百合、荸荠、甘蔗、柿子、银耳、蜂蜜等。

相　抗

辛辣：葱、姜、蒜、韭菜、辣椒等。

油脂：油炸食品、月饼、螃蟹、肥肉、羊肉等。

宜温润调养

秋分时节，饮食上要特别注意预防秋燥。秋分的"燥"不同于白露的"燥"。白露的"燥"是"温燥"，秋分的"燥"是"凉燥"，饮食上要注意多吃一些清润、温润为主的食物。

推荐芝麻、梨、藕、百合、荸荠、甘蔗、柿子、银耳、蜂蜜等食物，它们都有润肺生津、滋阴润燥功效。其中，百合味微苦、性平，具有润肺止咳、清心安神的作用，特别适合在此节气食用。但因其性偏凉，故胃肠功能差的老年朋友宜少吃。

适量辛酸果蔬

秋分时节，还可适当多吃一些辛味、酸味、甘润或具有降肺气功效的果蔬，特别是白萝卜、胡萝卜。秋天上市的果蔬品种花色多样，除了润肺的果蔬，像柑橘、山楂、苹果、葡萄等，都是调养佳品。

值得提醒的是，秋分后寒凉气氛日渐浓郁，如果本身脾胃不好、经常腹泻，水果吃多了也可能诱发或加重疾病。

螃蟹鲜美不可贪

秋分前后，不仅月饼市场开始旺盛，螃蟹也开始黄肥肉满。不少市民除了从海鲜市场购买，还热衷于网购，以一饱口福。结果，因贪图美味吃出病的人不在少数，比如急性肠胃炎、急性胰腺炎等。

需要提醒的是，做螃蟹首先要蒸熟煮透，吃蟹时最好还要除去蟹的腮、胃、心、肠等脏器。而且由于螃蟹性寒，体质虚寒者不宜多食，更不能与柿子、生梨等寒性水果同食。

第二节　起居有常,不妄劳作

起 居 歌 谣

秋冬季宜养阴,卧时宜头朝西。

昼夜温差加大,早晚适时添衣。

🌳 卧时头朝西

秋分时仍应遵守"早卧早起,与鸡俱兴"的养生原则。睡觉时头宜朝西。早在唐代的《备急千金要方》中就有记载:"凡人卧,春夏向东,秋冬向西。"春夏属阳,卧时宜头朝东;秋冬属阴,卧时宜头朝西,以合"春夏养

侧卧

阳,秋冬养阴"的养生原则。睡觉时宜侧身屈膝而卧,可使精气不散。据统计,长寿老人一般睡眠时都呈侧卧,且以右侧弓形卧位最多,正符合古人所言的"卧如弓"。

对于正常人来说,正确的睡眠姿势为一手曲肘放在枕前,一手自然放在大腿上,右侧卧,微曲双腿,全身放松。这样脊柱自然形成弓形,四肢容易自由变动,且全身肌肉可得到充分放松,胸部受压最小,而且不容易打鼾。但对于患有心脏病、脑血栓、胃溃疡、肺气肿等疾病的人来说,睡觉时则不宜采用此姿势。

🌳 早晚适添衣

俗话说:"白露秋分夜,一夜冷一夜"。秋分时昼夜温差加大,早晚应注意添衣保暖。尤其是老年人,因代谢功能下降,血液循环减慢,既怕冷,又怕热,对天气变化非常敏感,因此更应适时添加

衣服。

患有慢性胃炎的老年朋友,秋分时还要特别注意胃部的保暖,除了应适时增添衣服外,夜晚睡觉时要注意盖好被子。

第三节　动静有度,形与神俱

运动锻炼因人异,动静结合总相宜。

太极动作须缓慢,调整呼吸与意念。

游泳健身益处多,训练方式要灵活。

抬头挺胸大步走,散步时间不相同。

金秋时节,天高气爽,是全民开展各种健身运动的好时期。老年人可散步、慢跑、打太极拳、做健身操、练八段锦、自我做按摩等;身体素质好点的还可跑步、打球、爬山、洗冷水浴、游泳等。动静和谐结合,动则强身,静则养神,均可达到心身康泰之功效。

必须注意的是,喜爱耐寒锻炼的老年朋友,从秋天开始,要与天气变化相应相和,循序渐进,持之以恒,才能增强机体对多变气候的适应能力和抵抗力。

打太极拳

太极拳的动作结构具有沉肩垂肘、含胸拔背、中正安舒、柔和缓慢、静心用意、呼吸自然、动作弧形、圆活完整、连贯协调、虚实分明、轻灵沉关、刚柔相济等特点。太极拳的动作主要由起、落、开、合组成,一般有两种呼吸方式:一种是起和开要求吸气,落和合要求呼气;另一种是一个动作完成时呼气,做过度动作时要吸气。当然,两种方式都力图使动作自然。在练习太极拳时,一定要在意念方面多加注意,主要是注意力集中,不然动作很容易走形,如果能做到以意识引导动作,一套动作就会顺其自然地打下来。

小贴士：做太极拳时要身心放松，动作缓慢且连贯，与呼吸、意念相配合。

游泳

游泳运动对于健身益处多多，这种全身性的运动几乎可以锻炼人体的所有肌肉，不但可以帮助减肥，还可以提高人体内在机能，如果坚持有规律的强化训练，可以收到意念想不到的效果。

游泳有助于改善心血管的功能。持久的游泳锻炼能够调动身体的机能，促进血液的循环，使心脏体积增大。

游泳锻炼能够提高人体呼吸系统的机能。众所周知，水的密度远远大于空气的密度，这就意味着与在大气中相比，人体胸腔和腹腔在水中要承受更大的压力，这会给呼气和吸气增加困难。因此经常游泳可以增大呼吸肌的收缩力量，从而增强呼吸系统的功能，加大肺活量。

游泳锻炼可以塑造健美的体形。在游泳过程中，压力的存在使得手臂、双腿以及几乎全身的肌肉协调运动，坚持下去有助于人的体形健美。

游泳对颈椎病及腰骨问题有较好的防治效果。在颈椎病治疗早期或恢复期，长期坚持游泳对于锻炼颈椎效果显著。此外，游泳还有改善体温调节机能、增强免疫力、预防疾病、治疗康复等诸多好处。

小贴士：游泳过程中应注意训练的方法、训练环境、训练强度等问题，以免适得其反。

散步

正确的散步，应该是抬头挺胸，迈大步，双臂要随步行的节奏有力地前后交替摆动，路线要直。

散步可以随时进行，许多人偏爱饭后散步。"饭后百步走，活到九十九",对一个健康人来说饭后散步是有一定好处的,但是对某些人来说就不一定有好处。例如,肝炎患者如果饭后活动,食物在胃内便不能很好地消化,而且食物很快地进入肠道,也不能被充分吸收,结果往往出现腹胀等症状。患胃下垂的病人饭后也不应该活动,以免加重胃下垂。患有上述疾病或其他胃肠道疾病的老年朋友,饭后至少应静卧半小时再活动。即使是健康的老年朋友,也应该休息一会再进行"饭后百步走",吃完饭就"走"对身体也会有不良的影响。

　　小贴士:运动的强度要因人而异,应由少到多、由慢到快、循序渐进。快步走时的心率以不超过每分钟100~120次为宜。

第四节　情志调适,因人而异

秋风秋雨愁煞人,神志安宁以适应。
秋日阳光驱阴霾,自身调节更重要。

　　在精神养生方面,由于秋分后气候渐转干燥,日照减少,气温渐降,秋风阵阵、秋雨绵绵的天气往往会使人们的情绪产生萧瑟之感,因此秋分节气期间老年朋友应保持神志安宁,以减少秋天肃杀之气对人体的影响,从而收敛神气,适应秋天容平之气。

🌳 多晒太阳

　　光照可以减少褪黑激素的分泌,使人的情绪容易兴奋起来。天气晴朗的时候多到户外晒晒太阳,灿烂的阳光会驱散一切阴霾。加拿大人有每年秋冬季节飞往赤道生活一段时间的习惯,实际上就是针对这种情况采取的应对措施。

自身心理调节

　　要让自己尽快适应秋季所带来的身体、心理的种种变化，保持乐观情绪，切莫"秋雨晴时泪不晴"地自寻烦恼。秋天，"不是春光，胜似春光"，是收获的季节，要乐观。有些人遭受了一点挫折，凡事总容易往坏处想。克服的方法是，宁作乐观的幻想，不作消极的猜度。可以转移注意力，努力使自己忘记忧伤和愁苦。

　　心情烦闷时，登高望远，看看青山绿水，看看袅袅炊烟，疲劳、苦闷之感顿消。心情抑郁时找知心的、明白事理的亲友，向其倾吐心里话，或者看个喜剧片，在居室装点些鲜花露草，点亮灯光，都可让愁郁心境一扫而空。正如刘禹锡在《秋词》中所写，"自古逢秋悲寂寥，我言秋日胜春朝。晴空一鹤排云上，便引诗情到碧霄。"有了这种博大的胸怀、宽阔的眼界和浩荡的气势，再加上科学的认识和态度，"悲秋"的情绪一定会烟消云散。

第五节　易感病症，辨证施护

 ### 秋分后易患疾病

　　呼吸系统：流感、支气管炎、肺炎、哮喘、过敏性鼻炎、咽喉炎。
　　风湿系统：关节炎、肩周炎。
　　传染病：乙脑、皮肤病、痢疾。
　　消化系统：胃炎、肠炎。

 ### 防燥

　　白露过后，秋分时节，雨水渐少，天气干燥，昼热夜凉。这个时期的气候特点是"燥"邪。燥邪最容易伤肺伤胃，所以这一时节的健身防病重点是养阴防燥、润肺益胃。

秋燥,是我们的身体在秋季最明显的变化。身体温度高、唇干口渴、心情烦躁、食欲不振,都跟秋燥有直接的关系。秋燥最主要的原因是雨水逐渐减少、空气变得干燥、人体内的火气变大。如果体内火气得不到很好的疏散,人就会上火,严重的时候还会引起其他疾病。在秋季适当多吃梨可有效解决秋燥的问题,还可以适当多喝一点蜂蜜水、补充维生素。

补菌

肠胃问题是秋天的季节病之一。夏日喜食凉食冷饮,我们的胃肠逐渐适应了高温季节的饮食习惯。到秋天气温转凉之时,稍有不慎就很容易拉肚子。一般来说,肠胃问题与内部的菌群平衡失调有很大关系。因此,在这个时节适当补充肠道有益菌,可有效缓解秋季肠胃问题。活性乳酸菌饮品每百毫升含 300 亿个活性乳酸菌,每餐过后饮用 100 毫升左右乳酸菌饮品,有利于肠胃安然度过夏秋之交。

戒寒

入秋以后,虽然白天较热,但是整体来看天气逐渐转凉,所以要注意戒寒凉。夏季很多人睡觉都不盖被子,到了秋季就要改变一下。

很多时候,拉肚子是夜间睡觉肚子着凉所致。对于一些有旧疾的老年朋友,在秋季需要特别保护,不要用凉水直接冲凉。女性朋友尤其不要用凉水冲洗腿、脚。

秋天患胃肠疾病主要有以下几个原因:立秋以后,天气虽然清凉,但是苍蝇的活力并不比夏天弱,若吃了被苍蝇污染过的食物,就会因胃肠道感染而发生腹泻。秋天,人的食欲增加,又有大量瓜果上市,一些人因暴食暴饮加重了胃肠负担,导致肠胃功能紊乱。另外,秋天昼夜温差大,一不小心就会导致腹部着凉,发生腹泻。而且,如果胃没有养好,一些有胃病的人还会加重病情。因此,胃病患者不仅要注意保暖,及时添衣,饮食也应以温、软、淡、素、鲜为宜,做到定时定量、少食多餐。

养阴

秋季干燥,养生注意养阴。这个时期人的汗液蒸发快,因而常出现皮肤干燥、皱纹增多、口干咽燥、干咳少痰,甚至会毛发脱落和大便秘结。此时不仅要多喝水,以补充丢失的水分,还要让室内保持一定湿度,同时要避免剧烈运动、大汗淋漓、过度劳累等,以免耗散精气津液,损人体之"阴"。此外,还应重视涂擦护肤霜等以保护皮肤,防止干裂。

秋天要多接地气,走进大自然的怀抱,漫步田野和公园,也有助于养阴。

养肺

秋季养肺可以常按养肺穴,除了少商穴和鱼际穴,还有列缺穴和太溪穴。列缺、鱼际均为肺经穴位,太溪是肾经穴,中医讲金水相生,通过按摩太溪可以补肾阴,调节肺的津液,防止燥邪伤肺。

列缺取穴:双手虎口交叉,
食指之下腕关肺经上即是

太溪取穴:内踝尖与
跟腱中点凹陷处

143

1. 秋分后应如何改善饮食?
2. 秋分后应如何调整起居?
3. 秋分后可以做哪些运动?运动时应注意些什么?
4. 秋分后应如何适应身心的变化?

（李惠玲,谢莉莉）

寒 露

健康小贴士

寒露时节防秋燥,常食蜂蜜少食辣。
饮食均匀睡眠足,精神积极心开朗。
时令季节把衣添,衣扣拉紧防流感。
勤加运动体魄强,季节变迁疾病少。

　　寒露是二十四节气中的第十七个节气,时间为每年的 10 月 8 日前后。寒露时节气温更低,露水增多,是天气转凉的象征。随着气温的不断下降,空气干燥,感冒病毒致病力增强,最容易诱发呼吸系统疾病,此时慢性支气管炎、肺气肿和肺心病也很容易复发甚至病情恶化,同时也是中风和心肌梗死发病的高峰期。这个时候要注意健身防病,以增强体质。

第一节　饮食有节,四时相宜

相　宜

宜多食酸、甘、润食品。
蔬菜:白菜、山药、百合、莲藕、西红柿。
禽类:鸡肉、鸭肉、猪肉、牛肉。
水产:鱼、虾。
干果:杏仁、芝麻、大枣、白果、栗子、银耳。
粮食:粳米、糯米。
饮品:水、牛奶。

药材：枸杞、杏仁、百合、麦冬、沙参、石斛、西洋参。

水果：雪梨、香蕉、苹果、柿子、提子、哈密瓜。

相 抗

辛辣刺激、熏烤食品：如辣椒、生姜、葱、蒜类以及烧烤等食物等。

"寒露"时节起，雨水渐少，天气干燥，昼热夜凉。从中医角度上说，这个节气在南方最大的气候特点是"燥"邪当令，而燥邪最容易伤肺伤胃。此时期人们的汗液蒸发较快，因而常出现皮肤干燥，皱纹增多，口干咽燥，干咳少痰，甚至会毛发脱落、大便秘结等。因此，养生的重点是养阴防燥、润肺益胃。寒露时节的饮食养生应在平衡饮食五味的基础上，根据个人的具体情况，适当多食甘淡、滋润的食品，这样既可补脾胃，又能养肺润肠、防治咽干口燥等症。推荐"朝盐晚蜜"，即白天喝点盐水，晚上喝点蜂蜜水。

第二节 起居有常，不妄劳作

寒露时节已进入秋季，自然界的阳气由疏泄趋养收敛，起居作息要相应调整。"秋三月，早卧早起，与鸡俱兴。"早卧以顺应阳气之收，早起使肺气得以舒展，且防收之过。此时节气候冷暖多变，昼夜温差变化较大，应多准备几件衣服，做到酌情增减。同时由于雨水减少、气候干燥，要做好环境和身体保湿工作。在这多事之秋的寒露时节，合理地安排好日常起居，对身体健康有着重要的作用。

🌳 生活习惯

● 早睡早起，保证睡眠充足。

● 不要憋尿。

服装适体

● 随天气变化增减衣服。

● 注意腹部保暖。

● 不要赤胳膊露身。

● 注意足部保暖,经常用热水泡脚。

● 选择柔软、光滑的棉纺织或丝织内衣、内裤,尽量不穿化纤类衣物,以使静电的危害减少到最低限度。

室内保湿

● 在室内摆放植物。

● 勤开门窗,保持空气新鲜。

● 室内要勤拖地、勤洒些水,或用加湿器加湿。

● 经常室内通风。

● 厨房安装换气扇。

第三节 动静有度,形与神俱

寒露时节是运动锻炼的大好时机,老年朋友可根据自身情况选择不同的运动项目进行锻炼,长期坚持可增强心肺功能。

适合于老年人的运动

太极拳、五禽戏等静态运动动作柔和、圆和自然,配合呼吸、运气,是我国传统的体育保健疗法,既可养心静气、强身健体、舒缓压力,又可修身养性、陶冶情操。

适度散步、晨跑、暮跑。对老年人来说,跑步、散步能大大减少由于运动少而引起的肌肉萎缩及肥胖症,降低胆固醇,减少动脉硬化,减缓心肺功能衰老,有助于延年益寿。

 适合于身体素质较好的老年朋友的运动

这些运动有:晨跑、爬山、倒走健身、球类运动(足球、篮球、网球)。

推荐身体素质较好的老年朋友冷空气运动,即有意识地安排每天一定时间少穿衣服,甚至短衣短裤到户外锻炼,也可以在冷处进行晨跑、暮跑、散步、打拳等运动,这样可以提高耐寒能力。寒冷会使血管收缩,运动发热则使其舒张,这样可以有效地预防心脑血管疾病,并能延年益寿。

第四节　情志调适,因人而异

寒露时节气候渐冷,日照减少,风起叶落,人们心中往往会产生凄凉之感,出现情绪不稳、伤感忧郁的心理状态。秋天内应于肺,悲忧最容易伤肺,肺脾气虚一体,机体对外界病邪的抵抗力下降,使秋天多变的因素更易侵入机体,从而致病。秋天也是一年中精神疾病发生的高峰期。因此,保持良好的心态,因势利导,宣泄积郁之情,培养乐观豁达之心也是寒露时节养生保健不可缺少的内容之一。此时老年朋友宜保持神态的安宁,以减秋季肃杀之气对人体的影响;宜收敛神气,以适应秋季的容平特征;不要神思外驰,以保肺气的清肃。总之,秋季情志养生要尽量做到以下几点:

- 首先进行心理上的自我调节。
- 适当补充些碳水化合物,少吃些高脂类的食品,平衡饮食。
- 保持良好的睡眠习惯,多晒太阳。
- 经常放松,让身心保持舒坦平和的状态。当情绪不好时,转移一下注意力,参加体育锻炼或适当的体力劳动,有条件者还可通过旅游游山玩水来放飞心情。

● 尽量排除杂念,把名利看得轻一些,多做好事,多做贡献,以达到心境宁静的状态。

● 若自我调节失败,应及时到心理咨询科或精神疾病专科医院接受指导和治疗。

第五节　易感病症,辨证施护

寒露节气易患疾病

呼吸系统疾病:慢性支气管炎、肺气肿、肺心病。
心脑血管疾病:心绞痛、心肌梗死、中风。
消化系统疾病:慢性胃炎、消化道溃疡。

呼吸系统疾病的施护

进入寒露节气后,常见感冒、慢性支气管炎、哮喘、慢性扁桃体炎等疾病复发或加重,因此应采取综合措施积极预防。具体做法有:

● 多食瘦肉、鸡蛋、牛奶、鱼、大豆及豆制品,百合、木耳、丝瓜、蜂蜜、海带、莲子、藕、核桃、梨等食物对祛痰、平喘、润肺等都有一定的作用,宜常食用。

● 注意气候的变化,外出戴口罩,及时增加衣服,防止受凉感冒,加重病情。

● 广泛开展健康教育,吸烟者禁烟,不吸烟者应避烟。

● 加强体育锻炼,多做运动,增强体质;推荐晨跑、散步、打拳等适度运动,身体微微出汗即可,不要脱衣摘帽。

● 改善居室环境,保持室内空气流通,避免烟尘污染。

● 若疾病急性发作,胸闷气急、胸痛咯血、呼吸困难明显,请及时到医院就诊。

心血管系统疾病的施护

寒露过后,气温不断下降,昼夜温差增大,寒冷的刺激可使血管收缩,血压升高,血液中纤维蛋白的含量增加,血液黏稠度增高,易促进血栓的形成,脑梗、脑出血、心肌梗死的发病率明显提高。因此应采取综合措施积极预防,具体有以下方面:

● 注意防寒保暖,及时增添衣服,衣服既要保暖性能好,又要柔软宽松,以利血液流畅。

● 合理调节起居,早睡早起,少食油腻食物,保持大便通畅。

● 保持良好的心境,切忌发怒、急躁和精神抑郁。

● 进行适当的御寒锻炼,以提高机体对寒冷的适应性和耐寒能力。

● 清晨去厕所时应改蹲式为坐式,大便时间不能太长。

● 随时观察和注意病情变化,勤测血压,定期去医院进行检查,服用必要的药物,以控制病情的发展,防患于未然。

 爱上思考

1. 寒露时节生活起居有哪些注意事项?

2. 寒露时节老年人应如何健康运动?

3. 寒露时节心脑血管疾病患者应采取哪些积极措施预防疾病的加重或复发?

（李凤玲,周丽霞）

霜 降

 健康小贴士

霜降露凝百草枯,要护腰腿壮筋骨。
早晚温差寒暖变,秋燥寒凉致病端。
动静结合防咳喘,柿栗萝卜葱梨鲜。

霜降是二十四节气中的第 18 个节气,在每年阳历 10 月 23 日前后。霜降节气含有天气渐冷、初霜出现的意思,是秋季的最后一个节气,也意味着冬天的即将开始,是秋季到冬季的过渡节气。霜降时节,常有冷空气侵袭,使气温骤降,此时养生保健尤为重要。民间有谚语"一年布透透,不如补霜降",无论是在饮食还是在运动、情志调养上都须谨慎应对。

第一节　饮食有节,四时相宜

谚语有云:"补冬不如补霜降",这说明霜降时节是进补的好时候。霜降时节天气渐凉,秋燥明显,燥易伤津。根据中医的观点,在四季五补(春要升补、夏要清补、长夏要淡补、秋要平补、冬要温补)的相互关系上,此时与长夏同属"土",因此在饮食调养方面适宜平补,要注重健脾养胃,调补肝肾,宜多吃健脾养阴润燥的食物。

 时令饮食

霜降属于五行中的"金",对应肺脏。此时饮食方面最适合的是"平补",适宜的食物有梨、苹果、橄榄、白果、洋葱、芥菜等,这些食物具有生津润燥、清热化痰、止咳平喘、固肾补肺的功效。

时令进补

● 多吃些梨、苹果、白果、洋葱。

● 多吃白薯、山芋、山药、藕、荸荠。

● 多吃些百合、蜂蜜、大枣、芝麻、核桃等食物。

● 进补中药如沙参、天冬、麦冬、百合、玉竹、川贝母、白术、薏苡仁。

少食辛味

辛味食物主要有葱、姜、蒜、辣椒等。

少食寒凉食物

寒冻食物主要有海鱼、虾、各种冷饮及凉茶等。

脾胃虚弱者的饮食宜忌

宜选用气平味淡、作用和缓的食物,以健脾补肝清肺,如汤类、粥类等。注意胃部保暖,少吃冷硬食物,忌强刺激、暴饮暴食。

第二节 起居有常,不妄劳作

合理睡眠有助精力充沛

霜降时节最好的调养方式就是睡眠充足,早睡早起。睡眠养生的早起,能够使人提前觉醒,精力充沛,从而避免秋乏的发生。具体睡眠时间,建议每晚亥时(21点~23点)休息,争取在子时(23点~24点)入睡。因为子时是一天中阳气最弱、阴气最盛之时,此时睡觉,最能养阴,睡眠质量也最佳,往往能达到事半功倍的效果。

　　夜晚睡觉时,如果温度调节不当,很可能会因受冷而感冒,或引发风湿病。如果在睡眠前开空调,为了防止感冒,一般不宜低于26℃。睡眠时适宜的相对湿度为60%～70%,使用空调时要注意湿度的维持。人一般在光线较暗的环境里更容易入睡。夜晚的时候宜使用颜色偏黄的灯泡,夜间睡觉关灯。金黄色或红色调的灯罩能够模拟自然的夜光,帮助睡眠。

霜降保暖助健康

　　添衣与否应根据天气的变化来决定,只是不宜添得过多,以自身感觉不冷为准。一般来说,老年人衣着应以质轻暖和为宜,但切忌捂得过厚、出汗。出门在外应多备几件秋装,做到酌情增减,随增随减。

　　民间有谚语"寒露脚不露"。而霜降在寒露之后,此时就更应"脚不露"了。由于天气在逐渐转凉,一旦脚着了凉,很容易引起感冒、腹痛、腰腿痛等病症,因此秋冬季脚部保暖尤为重要。脚部保暖要有合适的鞋子和袜子。鞋子的尺码应稍大些,最好垫一双棉鞋垫,脚在里面要有点空间。鞋底应稍厚些,这样可以起到与冰冷地面隔寒的作用。最好每天用温热水泡脚,步行半小时以上,并坚持早晚搓揉脚心。

第三节　动静有度,形与神俱

　　霜降时节,一片秋高气爽的景象,此时肺金主事,运动量可适当加大,可选择登高、踢球等运动,也可选择广播体操、健美操、太极拳、太极剑、球类运动等。

保护好膝关节

　　老年朋友在外出登山、欣赏美景的时候一定要注意保暖,尤其要保护膝关节,切不可运动过量。膝关节在遇到寒冷刺激时,血管收缩,血液循环变差,往往使疼痛加重,故在天冷时应注意保暖,必要时可戴上护膝。

老年人不宜做屈膝动作时间较长的运动,要尽量减少膝关节的负重。

🌳 推迟运动时间

晨间容易集聚雾气,随着气温的降低,霜冻也可能会出现,尤其是患有胃溃疡等胃病的老人,过早出来运动容易吸入冷空气,引起胃肠黏膜血管收缩,致使胃肠黏膜缺血缺氧,这对溃疡的修复不利。

🌳 做好运动前准备

运动前应适当延长准备活动时间,注意韧带的拉伸,在身体发热的情况下,做压腿、立位体前屈等动作。

游泳前尤其要注意先用凉水冲一冲再入水,提前适应一下,以防止发生抽筋。

注意动与静的合理安排,不宜过度劳累,更不可经常大汗淋漓,使阳气外泄,伤耗阴津,削弱机体的抵抗力。

🌳 倒着行走

倒行是一种反序运动,能刺激通常前行时不常活动的肌肉,促进血液循环,提高肌体平衡能力。而且倒行作为人体的一种不自然活动方式,能迫使人们在锻炼时精神集中,以训练神经的自律性,对防治秋季常见的焦虑、忧郁等不良情绪有良好的效果。

第四节 情志调适,因人而异

秋天是宜人的季节,但此时气温降低、日照减少、秋雨绵绵、花木凋谢,给人一种凄凉、萧瑟的感觉,人容易产生忧郁、烦躁等消极情绪,严重者甚至终日郁郁寡欢、少语懒言,很容易患上抑郁症。因此,秋季精神情志调适的关键是要克服这种悲凉忧郁的负面情绪,树立乐观精神。

首先,要宁心安神,保持与世无争、自乐其中的心态,要有事业责任心和生活目的,静心养气。

其次,要多与外界接触,多晒太阳,不要老待在室内,大自然的空气中有很多有益健康的负离子。

第三,笑泯忧愁,笑能解除烦恼,调整人的心理状态,也能振奋精神。

另外,也可通过旅游、参加集体活动以及朋友聚会等活动来充实生活。做自己喜欢做的事情、勤于锻炼、投入大自然、外出旅游都有助于预防抑郁症。

第五节　易感病症,辨证施护

 霜降节气易患疾病

消化系统疾病:慢性胃炎、消化道溃疡、寒性腹泻、肛肠疾病。
心脑血管疾病:高血压、心绞痛、心肌梗死、中风。
风湿疾病:关节炎、下肢血管疾病。

 霜降节气要防消化道疾病

霜降节气脾脏功能处于旺盛时期,由于脾胃功能过于旺盛,易导致胃病的发出,所以此节气是慢性胃炎和胃溃疡、十二指肠溃疡病复发的高峰期。由于寒冷的刺激,人体的植物神经功能发生紊乱,胃肠蠕动的正常规律被扰乱。人体新陈代谢增强,耗热量增多,胃液及各种消化液分泌增多,食欲改善,食量增加,必然会加重胃肠功能负担,影响已有溃疡的修复。此时节气温较低,如果外出,难免吸入一些冷空气,引起胃肠黏膜血管收缩,致使胃肠黏膜缺血缺氧,营养供应减少,破坏胃肠黏膜的防御屏障,这对溃疡的修复不利,还可能导致新溃疡的出现。

霜降时节可从以下方面入手来预防和缓解慢性胃炎、消化道溃疡的发作:

● 饮食习惯

饮食温和,少吃生冷、不洁、腐败变质食物。

多吃小白菜、卷心菜、鱼类、面食、苹果、酸奶等。

烹调方法以蒸、煮、烩、炖为主,忌油煎炸食物。

切记暴饮暴食和醉酒。

坚持定时定量进餐,细嚼慢咽。

● 生活习惯

保持情绪稳定,避免负性情绪。

注意腹部保暖。

注意劳逸结合。

适当进行体育锻炼,改善胃肠血液供应。

避免使用对胃黏膜有刺激的药物,如阿司匹林、激素类药物、消炎痛(吲哚美辛)等。

观察腹痛变化情况,注意呕吐物、粪便,如有不适,请及时到医院就诊。

摩腹揉穴有助调理慢性胃炎

摩腹揉穴法比较有助于慢性胃炎的调理,其主要由摩腹、按揉足三里穴、按揉胃俞穴、膏擦足太阳膀胱经四个环节组成。具体方法是:以中脘穴为中心,作环形按摩 10～15 分钟;然后按揉双侧足三里穴,得气后继续按揉 100 次左右;此后再按揉胃俞穴,得气后再按揉 100 次左右;最后暴露背部,在两手小鱼际涂抹少许水杨酸甲酯凡士林油膏,紧贴患者背部自肩胛骨内侧缘至髂嵴,沿足太阳膀胱经循行路线,直线来回摩擦 1～2 分钟,直至局部有明显的红热反应。

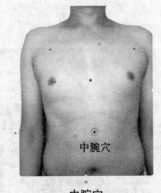

中腕穴

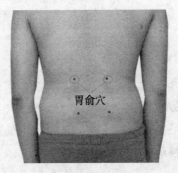

胃俞穴

每日或隔日 1 次,30 次为一疗程。

爱上思考

1. 霜降时节老年朋友如何健康饮食?
2. 霜降时节老年朋友运动时应注意哪些方面?
3. 霜降时节老年朋友应如何预防消化道疾病?

（李凤玲,周丽霞）

立 冬

健康小贴士

立冬时节天更凉,萝卜白菜煮成汤。
防寒保暖早准备,加强运动要坚持。
早睡晚起补水足,洗脚散步健脚板。
轻松心情放宽心,福寿安康活百年。

立冬是二十四节气中的第十九个节气,时间在每年阳历 11 月 7 日前后。立冬表示冬季开始、万物收藏,它提醒人们要规避寒冷。作为冬季的第一个节气,立冬时节的冷空气已具有较强的势力,活动开始频繁,每次冷空气到来都会出现一次明显的降温、大风和雨雪天气,而后天气转晴,并逐渐转暖回升,形成"三日寒四日暖"寒暖交替的天气变化。正是由于立冬这种节气变化的特点,中老年人应积极做好疾病的预防。

第一节 饮食有节,四时相宜

随着立冬节气的到来,草木凋零,蛰虫伏藏,万物活动趋向休止,以冬眠状态养精蓄锐,为来春生机勃发做准备。人类虽没有冬眠之说,但我国民间却有"立冬补冬,补嘴空"的说法。中医四时养生的基本原则是"春夏养阳、秋冬养阴",这是因为秋冬阳气潜藏,阴精蓄积,顺应这个趋势养阴,效果要比其他时候好。俗语说:"药补不如食补",食补在冬季调养中尤为重要,可为抵御冬天的严寒补充元气。

宜适当多温热少寒凉

温热性食物可以御寒,立冬时节适量增加蛋白质、脂肪,对抵御低温有好处,可适当多食牛肉、羊肉、乌鸡、生姜、韭菜、白萝卜、桂圆、大枣、栗子、核桃仁等温热性食物。

宜适当多食滋阴潜阳的食物

桑葚、桂圆、甲鱼、黑木耳等有助于滋阴潜阳。

宜适当增加维生素的摄取

维生素 A 主要来自动物的肝脏、胡萝卜、深绿色蔬菜,维生素 C 主要来自新鲜水果和蔬菜。

立冬时节推荐吃"三果":梨有生津止渴、止咳化痰、清热降火、养血生肌、润肺去燥等功能;苹果有补脾气、养胃阴、生津解渴、润肺悦心的功效;猕猴桃含有血清促进素,可以帮助我们稳定情绪、镇静心情。

宜适当多吃坚果

坚果类食物也是立冬后进补的好食材,如花生、核桃、板栗、榛子、杏仁等。

立冬后补肾为先

咸味入肾补益阴血,立冬后老年朋友宜多食海带、紫菜以及海蜇等。饮食上要远"三白"(糖,盐,猪油)、近"三黑"(黑芝麻,蘑菇,黑米)。

肾阴虚者可选用海参、枸杞等进行滋补;肾阳虚者,可适当多吃羊肉、鹿茸等。

冬令不可盲目进补

冬令是国人进补的最佳时期,但此时进补要因人而异,因为食有谷肉果菜之分,人有男女老幼之分,体质有虚实寒热之辨,故"冬令进补"应根据实际情况有针对性地选择清补、温补、小补、大补,万不可盲目"进补"。

膏方进补未必人人皆宜

近年来膏方进补非常流行。膏方是把药材煲成汤药后加入蜂蜜等材料调味,并制成膏状,因为口感好,服用方便,越来越受到欢迎。膏方一般来说比较滋腻,易生湿,而南方的地理和气候特点让人非常容易惹湿,因此,膏方进补在南方并非人人适宜。在选择膏方进补前,一定要咨询医生,在辨明体质后再做决定。

第二节　起居有常,不妄劳作

起居歌谣

早卧晚起,以待阳光;霜冷天寒,勤添衣裳。
勤开门窗,通风换气;睡前泡脚,促进睡眠。

起居养生重防寒

中医认为,入冬以后"早卧晚起,以待日光"是养生的重要内容。也就是说,人在寒冷的冬天要早睡晚起。早睡可以养人体阳气,起床时间最好在太阳出来以后,这时人体阳气迅速上升,血中肾上腺皮质激素的含量也逐渐升高,此时起床则头脑清醒、机智灵敏。老年人在这个时节则宜推迟晨练,"见太阳才运动"。

注意保暖

注意背部保暖。中医认为,背部是人体经脉中足太阳膀胱经循行的主要部位,足太阳膀胱经具有防御外邪侵入的作用。人一旦受寒,就会损伤阳气,出现上呼吸道感染或陈疾复发、加重等现象。对于老年人尤其是胃及十二指肠溃疡以及心脑血管疾病患者来说,暖背尤其重要,最好在立冬后穿一件贴身棉背心。

注意足部保暖。"寒从脚下起",脚是人体最远端,脂肪薄,保暖能力差。中医认为,足底穴位与人的内脏关系密切,如果足部受凉,可引起感冒、腹痛、腰腿痛、痛经等疾患。做好足部保暖,一是穿好鞋,防过紧、过松、过薄,袜子以棉袜为好;二是平时多活动脚,以促进局部血液循环;三是每晚睡前用温水泡脚,水温以50℃~60℃为宜,能消除疲劳、御寒防冻、促进睡眠。

室温应保持恒定

如果室温过低,人感觉冷,就容易伤人体元阳。温度过高则室内外温差大,外出活动易外感风寒。所以,室温应保持在18℃~22℃之间为好。但切忌紧闭门窗,要坚持开窗换气,保持室内外空气流通。

第三节　动静有度,形与神俱

> 养生保健,预防疾患;增强体质,益寿延年。
> 生命之树,在于运动;因人制宜,方法多种。
> 坚持不懈,受益无穷;气血通达,百病不生。

很多人认为,立冬后天冷了,要开始坚持多运动,才能提高免疫力、增强体质、避免生病,其实这种观点并不完全正确。立冬后,人的免疫力和体质会下降,从而进入一个相对低谷阶段,经常锻炼确实能提高抵御各种疾病入侵的能力,但是如果到冬天还像春夏一样大量运动甚至过度运动,汗多泄气,有悖于冬季阳气伏藏之道。冬季运动要注意防寒保暖,把握好度,避免原本出于好意的锻炼成为引发疾病的祸害。推荐太极拳、游泳、健身操、跳舞、打球等中轻强度运动。

立冬后气温低、气压高且天气干燥,人体的肌肉、肌腱和韧带的弹力及伸展性均会降低,肌肉的黏滞性也会相应增强,从而造成身体发僵不灵活,舒展性也随之大打折扣。因此在立冬后进行体育锻炼时,应遵循相应的养生准则,这样既能防寒保暖、强身健体,又不会因锻炼不当而损害健康。

立冬锻炼"四准则"

1. 锻炼之前充分热身

由于人的身体在低温环境中会发僵,锻炼前若不充分热身,极易造成肌肉拉伤或关节损伤,因此正式锻炼前应先进行徒手操、轻器械练习等"预热"运动,热身的强度以使身体发热并微微出汗为宜。

2. 锻炼时衣物的薄厚要适当

立冬过后气温很低,因此在运动前要穿厚实些的衣服,在热身后再除去外衣;锻炼结束后应尽快回到室内,不要吹到冷风,及时擦去汗水并更换衣服,以防止冷热交替造成热量散失而感冒。

3. 锻炼时应适时调整呼吸

冬天常有大风沙,建议在锻炼时最好采用鼻腔呼吸的方式,也可以采用鼻吸气、口呼气的呼吸方式,但切忌直接用口吸气。这是因为鼻腔黏膜能对吸进的空气起到加温的作用,在一定程度上减轻了寒冷空气对呼吸道的刺激;同时鼻毛亦可有效阻挡细菌,堪称呼吸道的"保护神"。

4. 室内锻炼时应保持空气流通

不少人习惯在冬天选择室内锻炼,并紧闭门窗,以防止寒冷空气的入侵。实际上,这样很容易使人因缺氧而出现头晕、恶心等症状。因此在室内锻炼时切记保持空气的流通。

"生命在于运动",肢体的功能活动包括关节、筋骨等组织的运动,皆由肝肾所支配,故有"肾主骨,骨为肾之余"的说法,善于养生的人,在冬季更要坚持体育锻炼,以取得养肝补肾,舒筋活络、畅通气脉、增强自身抵抗力之功效。

第四节　情志调适,因人而异

在冬季,自然界的蛰虫伏藏,用冬眠状态养精蓄锐,为来年春天的生机勃勃做好准备,而此时人体的代谢也处于相对缓慢状态。冬季万物凋零,常会使人触景生情、郁郁寡欢,因此冬季养生要着眼于"藏",即人在冬季要保持精神安静。在精神调养上要力求其静,控制情志活动,保持精神情绪的安宁,含而不露,避免烦扰,使体内阳气得以潜藏。具体可从以下几点入手:

● 调控不良情绪。每个人都会遇到不顺心的事情,要学会调整控制情绪,遇事节怒,宠辱不惊,及时将心中的不良情绪通过适当方式宣泄出来,以保持心态平和。

● 多晒太阳。冬季天黑得早,日照时间短,人体大脑松果体褪黑激素分泌减少,容易使人产生抑郁情绪,而光照可抑制此激素的分泌,使人保持好心情。

● 多参加娱乐活动,如跳舞、弈棋、画画、练书法、欣赏音乐等,这样可以消除冬季的低落情绪,振奋精神。

● 若自我调节失败,请及时到心理咨询科或精神疾病专科医院寻求指导和治疗。

第五节　易感病症,辨证施护

立冬后易患疾病

呼吸系统疾病：感冒、流感、支气管炎、慢性阻塞性肺疾病复发。

心脑血管疾病：心绞痛、心肌梗死、中风。

骨关节疾病：关节炎。

立冬时节防治关节炎

冬季是关节炎的高发季节,潮湿、寒冷等气候环境因素是诱发和加剧关节炎进展的重要原因,那么冬季如何预防和缓解关节炎的发作呢?

注意保暖

● 出门戴手套、帽子、穿保暖的棉鞋。

● 戴上护膝。

适当运动

● 关节炎患者不宜进行剧烈活动,如蹲马步、爬楼梯、登山等,以免增加关节负担,加剧关节磨损。

● 关节炎患者进行适当的功能锻炼,可达到"休息关节,锻炼肌肉"的效果。

● 游泳、散步是最好的运动方式。

● 室内运动：床上抬腿运动,用大腿带动小腿,膝关节不弯曲。

🌳 饮食合理

● 适当多食含钙食物,如牛奶、豆制品、海带、核桃、鱼虾、土豆等。

● 少吃辛辣刺激、生冷、油腻食物。

● 多吃蔬菜水果。

🌳 良好习惯

● 多穿松软、鞋底有弹性的鞋,如休闲鞋、运动鞋。

● 女性不要长时间穿高跟鞋。

● 老年人不宜提重物,不宜爬高或搬重物。

● 若反复出现关节疼痛、酸胀,应予以重视,并及时到正规医院检查治疗。

针灸通痹止痛

针灸也是治疗关节炎的好方法,它以通痹止痛为原则,以病痛局部穴为主,结合循经及辨证选穴。

主穴:阿是穴,局部经穴。

配穴:行痹加膈俞、血海;痛痹加肾腧、腰阳关;着痹加阴陵泉、足三里;热痹加大椎、曲池。

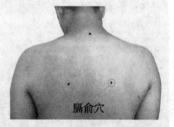

膈俞穴

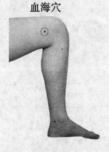

血海穴

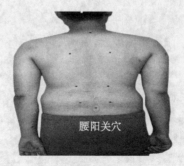

腰阳关穴

艾灸可治关节炎

艾灸治疗关节炎,用艾条做回旋灸,或配合灸盒做温和灸,每次每穴 15~20 分钟,10 天为一疗程。

电针法:选择处方穴位,针刺得气后,通电针仪,先用连续波 5 分钟,后改疏密波,通电 10~20 分钟。

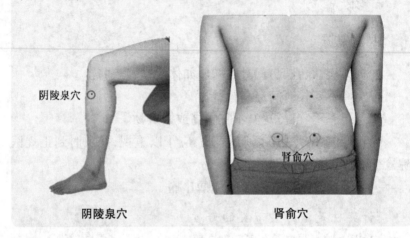

阴陵泉穴   肾俞穴

 爱上思考

1. 立冬后老年朋友应如何食物进补?
2. 立冬后老年朋友应如何运动? 运动时应注意些什么?
3. 立冬后关节炎发作,应如何从各方面调理治疗?

(周丽霞)

 健康小贴士

小雪雪降温肾阳,早卧晚起着寒装。
八段太极晒太阳,保护心脑滋膏方。
温补益肾粟腰果,丹参山楂血黏降。

　　小雪是二十四节气中的第 20 个节气,时间在每年阳历 11 月
22 日前后。历书记载:"斗指己,斯时天已,寒未深而雪未大,故名
小雪。"此时气温逐渐降到零度以下,并开始降雪,但雪量不大。我
国古代将小雪分为三候:"一候虹藏不见,二候天气上升地气下
降,三候闭塞而成冬。"此时天空中阳气上升,地中的阴气下降,导
致天地不通、阴阳不交,所以万物失去生机,天地闭塞而转入严寒
的冬天。小雪节气是寒潮加强、冷空气活动频次较高的节气,强冷
空气影响时常伴有入冬第一次降雪。

第一节　饮食有节,四时相宜

　　谚语云:"节到小雪天下雪"。食补在冬季调养中尤为重要,
而且不宜过多食用咸味食物,以免使本来就偏亢的肾水更亢,致使
心阳的力量减弱。冬天的饮食原则是减咸增苦、抵御肾水、滋养心
气,以保心神相交,维持人体的阴阳平衡。

　　冬季气温过低,人体为了保持一定的热量,就必须增加体内
糖、脂肪和蛋白质的分解,以产生更多的能量,适应机体的需要,所
以必须适当多吃富含糖、脂肪、蛋白质和维生素的食物。

同时,天气寒冷也会影响人体的泌尿系统。由于排尿增加,随尿排出的钠、钾、钙等无机盐也较多,因此应多吃含钾、钠、钙等无机盐的食物。

● 适当多食温补辛辣食物御寒,如羊肉、牛肉、鸡肉、狗肉、辣椒、生姜等。

● 适当多吃果蔬补充维生素,如胡萝卜、西红柿、柑橘、甘蔗、秋梨等。

● 适当多食红色食物防感冒,如红色的蔬菜水果(胡萝卜、红辣椒、红枣、山楂、石榴)、肉类等。

● 适当多食黑色食物补肾,如黑色的粮、油、果、蔬菜、菌类食物,如黑芝麻、黑米、黑豆等。

● 适当多食酸性食物防静电,如蔬菜、水果、酸奶等酸性食品以及白萝卜、卷心菜、白菜这类"白色食品"。

● 零食首选坚果,如坚果富含丰富维生素以及铁、锌、钙等矿物质,最好选原味的,每天吃的量不宜超过一小把。

● 适当多食降血脂食物,如苦瓜、玉米、荞麦、胡萝卜等。

● 适当多食降低血液黏稠度食物,如丹参、山楂、黑木耳、西红柿、芹菜、红心萝卜等。

第二节　起居有常,不妄劳作

小雪时节,天已积阴,寒未深而雪未大,雪后会出现降温天气,所以起居上要做好御寒保暖,防止感冒的发生。

早睡晚起,御寒保暖

小雪节气常常伴随着冷空气活跃及寒潮袭入,全国多地都会大幅降温,而这时正值人体阴气见长、阳气收敛,所以小雪期间起居宜早睡晚起,以养阳气。小雪意味着天气转冷,老年朋友要做好防寒保暖工作,出门要添加衣服,夜间注意添加衣被。

多晒太阳

我国传统的医学理论十分重视阳光对人体健康的作用,认为晒太阳能助发人体的阳气,特别是在冬季,此时大自然处于"阴盛阳衰"状态,而人应乎自然也不例外,故冬天常晒太阳更能起到壮人阳气、温通经脉的作用。

勤开门窗

小雪时节要经常开窗通风换气,使室内污浊的空气得到转换,避免感冒的发生。

第三节 动静有度,形与神俱

进入"小雪"节气,运动方面也应作适当调整。小雪时节宜静养,故不宜进行剧烈的运动,以免扰动阳气。

冬季最好的运动健身时间是上午9点到12点之间,因为此时的室外温度和人体自身温度都比较适合,人体各种生理功能都处于最佳状态,体力比较充沛,容易进入运动状态。

可选择运动量相对较小的运动方式,如跳操、太极拳、八段锦、散步、慢跑等。八段锦、太极拳是非常适合冬季保健的养生操。常练八段锦可柔筋健骨、养气壮力,具有行气活血、协调五脏六腑之功。

干预按摩功

效用:预防流感。

具体方法:站、坐练功均可,全身放松,两手掌相互摩擦至热,先在面部按摩64次,用手指自前头顶至后头部,侧头部做梳头动作64次,使头皮发热,然后用手掌搓两脚心,各搓64下,最后搓到前胸,腹背部,做干洗澡,搓热为止。

脚部按摩功

适应证：下肢无力。

具体方法：坐在床上或沙发上，左脚曲回，左手抓握左脚趾，右手稍用力搓左脚心 108 次，然后按同样方法再搓右脚心 108 次。然后弹脚趾，将大脚趾压在二脚趾上，两脚趾相弹，开始先弹 36 下，脚趾相弹习惯后，每次弹 108 下。以上两项早晚各做 1 次。因脚上有足太阴脾经、足太膀胱经、足少阴肾经、足少阳胆经、足厥阴肝经、足阳明胃经、阴跷脉、阳跷脉、阴维脉、阳维脉等，它集中了全身的经络，因此脚的活动是全身运动的关键。

第四节　情志调适，因人而异

小雪节气中，天气时常阴冷晦暗，此时人们的心情也会受其影响，特别容易引发抑郁症。近年的医学研究发现，抑郁症是人类最常见的心理疾患，而且季节变化对抑郁症患者有直接影响，因为与抑郁症相关的神经递质中，脑内 5-羟色胺系统与季节变化密切相关。春夏季，5-羟色胺系统功能最强，秋冬季节最弱，随着日照时间的减少，抑郁症患者脑内的 5-羟色胺也相应缺少，随之出现失眠、烦躁、悲观、厌世等一系列症状。

为减少冬季给情绪带来的不利影响，老年朋友在此节气中要注意精神的调养，遇到不开心的事情时要能及时调整自己的心态，保持乐观。

经常参加一些户外活动可以增强体质、打开心胸。

多晒太阳、多听音乐也有助于保持积极的情绪状态。

第五节　易感病症,辨证施护

小雪节气易患疾病

呼吸系统疾病:流感、慢性咽炎、急性鼻炎、哮喘。

心脑血管疾病:心绞痛、心肌梗死、中风。

传染性疾病:儿童易患麻疹、风疹、水痘、腮腺炎。

小雪节气重在预防过敏性哮喘

小雪节气由于气温低,湿度降低,浮尘增多,过敏源也随之增多,容易引发过敏性哮喘。从以下方面入手有助于预防和缓解过敏性哮喘的发作:

注意保暖

● 天气变化时,及时添加衣服,避免受风寒,注意颈部的保暖,衣服不宜过紧,最好穿用光滑、柔软、平整的纯棉织品。

● 外出时戴口罩。

适当运动

● 适当运动可提高抵抗力。

● 活动不要太剧烈,散步、打太极拳、做保健操等是不错的选择。

● 运动时间定在上午 10 点到下午 2 点之间。

饮食合理

● 多摄入富含蛋白质的食物,如鸡蛋、牛奶、瘦弱、家禽、鱼等。

● 少食油腻、海鲜食物,如肥肉、海鱼、虾蟹等,以免聚湿生痰,引发哮喘。

● 清淡饮食,少吃辛辣,不吃过甜食品。

● 多吃一些补肺、脾、肾的食物,如山药、栗子、核桃等。

良好习惯

● 注意通风换气,建议在午间温度相对较高时开窗通风。

● 户外活动时注意远离花草集防寒保暖重点在肩背部中的区域、潮湿区、吸烟区。

小雪时节,天气寒冷,易诱发哮喘,故应注意防寒保暖。哮喘患者防寒保暖的重点在肩背部,因为肩背部有一风门穴(位于背部,当第 2 胸椎棘突下,旁开 1.5 寸处),是"风"出入胸腔的"门户"。此穴的位置刚好对

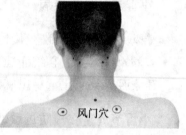

风门穴

应两肺叶,对肺的影响非常大。哮喘患者千万不要让背部受寒,平时也要适当按摩。按摩的时间以不超过 10 分钟为宜。按摩方法选择掌推、点、按均可。

风池穴按摩法

在临床中,绝大多数哮喘是因为感冒引起的。在这里教给大家一种预防感冒的穴位按摩法——风池穴按摩法。

古代管城市叫城池,"城"指的是城市,而"池"指的就是护城河。所以说,风池

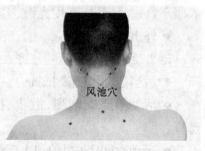

风池穴

这个穴位是抵御风邪入脑的一个屏障,按摩这个穴位的目的就是要将"城"护卫起来,不让外敌入侵。

具体按摩方法为:双手十指自然张开,紧贴枕后部,以两手的大拇指按压双侧风池穴,用力上下推压,以稍感酸胀为度。每次按压不少于 32 下,多多益善,以自感穴位处发热为度。

1. 小雪时节如何健康饮食？

2. 小雪时节如何调畅情志、预防抑郁症的发生？

3. 冬季如何预防哮喘的发作？

（周丽霞）

健康小贴士

大雪进补春打虎,户外防寒睡眠足。
颈肩腰腿关节部,防寒保暖丹田腹。
蛋白脂肪糖维素,鸡狗羊肉脾肾补。

　　大雪节气时值每年公历的 12 月 7 日或 8 日,视太阳到达黄经 255°时开始。大雪节气和小雪、雨水、谷雨等节气一样,都是直接反映降水的节气。我国古代将大雪分为三候:"一候鹖鴠不鸣,二候虎始交,三候荔挺出。"大雪节气时,除华南和云南南部无冬区外,我国大部分地区已进入寒冬,东北和西北地区平均气温已降至零下 10℃,甚至更低;华北地区和黄河流域气温也达到 0℃ 以下。在强冷空气前沿冷暖空气交锋的地区会降大雪,甚至暴雪。

第一节　饮食有节,四时相宜

相　宜

增苦:羊肉、牛肉、鸡肉、北芪、枸杞、党参等。
养肺:柑橘、西红柿、山楂、猕猴桃、橙子等。
防寒:杏仁、核桃、栗子、榛子、花生等。

相 抗

多甜：糖分含量较多的甜食等。

多油腻：油炸食品、肥肉、羊肉、狗肉等。

多盐：鸡精、盐、腌制食品等。

"增苦少甜"以御寒

大雪时节,畏寒怕冷的人可多吃些御寒食物,以提高机体的御寒能力：海带、紫菜、玉米等含碘食物可增强新陈代谢,加强皮肤血液循环;胡萝卜、山芋、百合等根茎类食物含有丰富的无机盐,可与其他食物掺杂食用;狗肉、羊肉、牛肉等肉类食物含有蛋白质、碳水化合物及高脂肪,有益肾壮阳、温中暖下、补气活血的功效,可增强内分泌功能;辣椒、生姜等辛辣食物食用后,可祛风散寒,促进血液循环,增加体温。

"多果多蔬"防口炎

大雪时节,还应多吃些富含维生素的食物,如富含维生素 A 的动物肝脏和富含胡萝卜素的胡萝卜、南瓜,富含维生素 C 的各种瓜果,富含维生素 B_2 的鸡蛋、牛奶、豆制品等,以预防口角炎、唇炎、舌炎等疾病的发生。

"多饮多粥"健脾胃

大雪节气,虽然人体排汗排尿减少,但大脑与身体各器官的细胞仍需水分滋养,以保证正常的新陈代谢,故在大雪节气仍然建议每人每天补水不少于 2000 ~ 3000 毫升。

另外,营养专家提倡晨起喝热粥、晚餐宜节食,以养胃气。特别推荐羊肉粥、糯米红枣百合粥等。

第二节　起居有常,不妄劳作

起居歌谣

早睡晚起,养养精神;早睡晚起,保持身体温热。
护胸护腰,护腿护腹;及时防寒,保护胸腹关节。
室内通风,宜养盆栽;开窗保湿,绿植除污换新。

早睡晚起补睡眠

大雪时节养生应遵循《黄帝内经》所建议的"早卧晚起,必待日光"的原则,保证充足睡眠。早睡可养人体阳气,保持身体的温热;晚起可养阴气,待日出而起,可躲避严寒,以冬眠状态养精蓄锐,使人体达到阴平阳秘,为来年春天的生机勃发做好准备。

胸腹腰腿重保暖

大雪节气天气寒冷,风寒之邪容易损伤人体,故应做好防寒保暖工作,尤其应保护好胸腹和关节部位。胸部受寒之后,易折伤体内阳气,从而引发心脏病,而腹部受寒则易引起胃肠疾患。因此,在大雪时节要重视胸腹部的保暖。除了胸腹之外,颈肩和腰腿部也是易受寒邪侵袭的部位。颈肩部受了风寒后,肌肉容易痉挛、疼痛,甚至还会牵扯到背部。腰为肾之府,肾为人体先天之本,腰部受寒冷刺激,易使局部血管收缩,血流减缓,引起腰部疼痛。腿部受寒则腿部肌肉容易发生收缩、痉挛,甚至引发膝关节炎。因此,大雪时节应格外重视以上部位的保暖,除了要穿些防寒的衣服外,还应扎上围巾以保护颈肩,必要时应戴上护膝以保护腿部。

开窗通风养绿植

居室宜暖,要常开启门窗,让空气对流,保持室内空气湿润。

洗脸时最宜用冷水,捧水清洗鼻孔。早晚、餐后用淡盐水漱口,以清除口腔病菌。在流感流行的时候更应注意。此时,仰头含漱使盐水充分冲洗咽部效果更佳。每晚用较热的水泡脚,要注意泡脚时水量要没过脚面,泡后双脚要发红,这样可预防感冒。

常青藤、吊兰、半支莲、苍术、芦荟等绿色植物对空气有一定的净化作用,可吸附有害气体,吸收空气中的二氧化碳,放出氧气。居室科学盆栽药用花草,既美化净化了室内环境,又除祛了袭人的阴霾,还可就地取材收获药材,一举三得。

第三节　动静有度,形与神俱

> 冬季健身多室内,准备活动须延长。
> 注意保暖防冬寒,锻炼程度要适当。
> 动中求静勿贪心,运动过后注休息。

大雪时节,天气寒冰,室外运动也许没有春、夏、秋三季那么方便,但这并不是说在这个时节我们就不需要运动。

🌳 健身跑

健身跑是采用较长时间、慢速度、较长距离的有氧运动。该项运动不受场地、器材限制,有助于防治冠心病。健身跑的速度要慢,因为不同的跑步速度对心脑血管的刺激是不同的,缓慢的速度对心脏的刺激较为温和,而跑程长可以消耗体内多余的热量,这种主动消耗是降低血糖、血脂、缓解血压最好的方式。

小贴士:步幅小,鼻吸气,口呼气,每分钟心率为(170 – 年龄),每次 >30 分钟。

擦背

擦背作为一种古老的健身运动不仅能养生保健,而且对神经衰弱引起的失眠、胃肠功能紊乱引起的便秘以及高血压、高血脂、冠心病等慢性疾病有很好的辅助治疗作用。

> **小贴士**:热天水温20℃,冷天水温40℃,毛巾拧干重点擦脊柱,自上而下,3~5分钟,力度以感觉舒适为宜。

第四节　情志调适,因人而异

大雪时节,万物凋零,人的情绪易处于低落状态,故应注重精神调养。此时的精神调养应着眼于"藏",即要保持精神安静,防止季节性情感失调症。改变低落情绪的较好方法是多晒太阳,同时加强体育锻炼,尽量避免紧张、易怒、抑郁等情绪的发生。

老年人要敞开心胸,祛除恐惧情绪

寒冬之际,很多人尤其是老年人易产生恐惧情绪。这是对人影响最大的一种情绪,几乎渗透到人们生活的每个角落。而这种恐惧心理对老年人的健康损害尤其大。特别是冬季来临后,老年人会有冬天难熬的感觉,上了年纪又有慢性疾病的老年人尤甚。长时间的忧愁、烦闷、不安会加快自身衰老和死亡的速度,因此有必要积极地予以消除,具体方法有:

- 子女应多陪伴老人在左右。
- 子女要多倾听老人的烦闷与忧愁。
- 老年人宜多参加一些社会活动。
- 家人选一些老人喜欢或感兴趣的事情,陪同一起做。
- 心情忧虑的时候,适当吃一些甜品对消除恐惧也有帮助。

● 培养有益的兴趣爱好,感觉心情紧张的时候,能有一个方法让自己安心。

第五节　易感病症,辨证施护

大雪后易患疾病

呼吸系统:流感、肺炎。

风湿系统:口角炎、消化道溃疡。

传染病:脑卒中、高血压、高血脂、冠心病。

大雪时节防"三病"

大雪、冬至时节,老年人由于生理机能减弱,抵御疾病的能力也会随之衰减,正是病邪乘虚而入之时。专家提醒老年人要注意预防以下三大疾病。

● 中风

易感原因:寒冷可使人的交感神经兴奋,血液中的儿茶酚胺增多,导致全身血管收缩。同时,气温较低时,人体排汗减少,血容量相对增多,这些原因都可使血压升高,促发脑溢血。

预防及处理:重视原发疾病的治疗,其次要警惕中风先兆,一旦出现突然眩晕、剧烈头痛、视物不清、肢体麻木等征兆,应及时就医。

● 心脏病

易感原因:寒冷会增加血中纤维蛋白原含量,血黏度增高,导致心肌缺血、缺氧,诱发心绞痛,重者发生心肌梗死。

预防及处理:老年人应重视防寒保暖,定期进行心血管系统体检,在医生指导下选用溶栓、降脂、扩血管和防心肌缺血、缺氧的药物。

179

● 消化道溃疡

易感原因：由于寒冷刺激，支配内脏的植物神经处于紧张状态，致使胃肠调节功能发生紊乱，胃酸分泌增多，进而刺激胃黏膜，使胃产生痉挛性收缩，造成胃自身缺血缺氧，从而诱发胃溃疡或旧病复发。

预防及处理：要注意饮食调养，膳食以温软淡素、易消化为宜，做到少食多餐、定时定量，忌食生冷，戒烟戒酒，还可选服一些温胃暖脾的中成药。

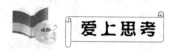
爱上思考

1. 大雪后老年人应如何改善饮食？

2. 大雪时节老年人应如何运动？运动时应注意些什么？

3. 大雪时节老年人易患哪些疾病？应如何处理？

4. 大雪后万物凋零，老年人容易情绪低落，应如何调养？

（李惠玲，周坤）

冬 至

健康小贴士

冬至夜长阳气生,太阳北移气温降。
辛辣燥热应忌口,常食坚果强体质。
早睡晚起多晒背,温暖双脚防体寒。
运动锻炼应坚持,清新藏神消苦闷。

　　冬至俗称"冬节"、"长至节"、"亚岁"等,是我国农历中一个非常重要的节气,也是二十四节气中最早制定出的一个。冬至时逢每年公历的 12 月 21～23 日,从太阳到达黄经 270°时开始。这一天太阳直射南回归线,北半球白天最短、夜晚最长。我国古代将冬至分为三候:"一候蚯蚓结,二候麋角解,三候水泉动"。传说蚯蚓是阴曲阳伸的生物,此时阳气虽已生长,但阴气仍然十分强盛,土中的蚯蚓蜷缩着身体;麋与鹿同科,却阴阳不同,古人认为麋的角朝后生,所以为阴,而冬至一阳生,麋感阴气渐退而解角;由于阳气初生,此时山中的泉水可以流动并且温热。冬至之前,经过了夏秋两季,地面储存的热量仍有存余,直到冬至,地上还有积蓄的热量向空中散发,因此近地面气温还没有降到最低。冬至之后,虽然太阳逐渐北移,但因为地面得到的热量少,而向空中散发的热量多,所以气温会继续下降。冬至时我国北方平均气温已降至 0℃以下,南方地区也只有 6～8℃。

第一节　饮食有节,四时相宜

相　宜

补肾健脑:杏仁、核桃、榛子、花生、栗子。
辛酸保健:白萝卜、胡萝卜、柑橘、苹果、山楂、石榴。

相　抗

辛辣刺激:葱、姜、蒜、韭菜、辣椒等。
过咸过甜:少盐、少吃甜食。

🌿 饮食忌辛辣燥热

"气始于冬至",因此冬至是健康管理的大好时节。此时在饮食方面宜多样化,注意谷、肉、蔬、果合理搭配。饮食宜清淡,不宜过食辛辣燥热、肥腻食物。老年人脾胃较弱,不宜吃浓浊和过咸食品,可多食用蛋白质、维生素、纤维素,少吃糖类、脂肪、盐。同时,老年人脾喜温恶冷,且年老齿松脱落,咀嚼困难,故宜食熟软之品。

🌿 可常食坚果

冬至时节可多食些坚果。因为坚果性味偏温热,在其他季节吃容易上火,而冬至时天气较冷,多数人吃后不存在这个问题。

虽然坚果的油脂成分多,但都是以不饱和脂肪为主,因此有降低胆固醇、治疗糖尿病及预防冠心病等作用。

坚果中含有大量蛋白质、矿物质、纤维素等,并含有大量具有抗皱纹功效的维生素 E,因此对防老抗癌都有显著帮助。

坚果还有御寒作用,可以增强体质,预防疾病。

当然吃坚果也要适量,并且应因人而异。

谷果肉蔬，合理搭配

每餐尽量做到品种多、数量少，菜肴应讲究荤素搭配。鱼、肉类食品和菜蔬、豆制品及五谷杂粮各占一半，确保纤维素和维生素的同时吸收。冬至后天气寒冷，空气干燥，人会觉得鼻、咽部及皮肤干燥，容易上火，每天应吃点水果，不仅滋阴养肺、润喉去燥，还能摄取足量的维生素，令人神清气爽。

冬令进补应避免造成血液黏稠，故宜多食保护心脑血管的食品，如山楂、黑木耳、西红柿、芹菜、红心萝卜等；应多吃利于降血脂的食品，如苦瓜、玉米、荞麦、白萝卜；适量吃温补性、养阳性的食物，如羊肉、鸡肉、狗肉等，以炖食为最佳。其中，羊肉和鸡是冬天温补的主要肉食品，俗话说："逢九一只鸡，来年好身体"。

此外，还应多吃益肾、护肾的食物，前者有腰果、大骨头汤、核桃等，后者有黑木耳、黑芝麻、黑豆、黑米等。

第二节　起居有常，不妄劳作

起 居 歌 谣

勤晒被褥好处多，避潮杀菌利睡眠。
预防寒冷从脚起，睡前泡脚促循环。
冬至时节易犯困，提神枕首以清醒。
早睡晚起待阳光，多晒背部以养阳。

冬至时节勤晒被

勤晒被褥有很多好处。首先，可避免潮湿。其次，被褥上的细菌和微生物在人体分泌的汗水及油脂中极易繁殖，阳光中的紫外线有强烈的杀菌消毒作用，可杀死各种细菌和微生物。再次，经日光曝晒后的被褥更加蓬松、柔软。

冬季,人体在睡眠期间因肌体抵抗力和对寒冷环境的适应能力降低,很容易患感冒或引起中风等症状,穿上睡衣则能预防疾病、保护身体健康。由于睡衣宽松肥大,有利于肌肉放松和心脏排血,可使人得到充分的休息。穿睡衣应以无拘无束、宽柔自如为宜。因为睡衣直接与皮肤接触,因此不宜穿化纤制品,其面料以自然织物为佳,如透气吸潮性能良好的棉布、针织布、柔软的丝质料子。

温暖双足防体寒

俗话说:"寒从脚下起",这说明脚与人的健康关系密切。脚部一旦受寒,会导致人的机体抵抗力下降,引起感冒、腹痛、腰腿痛、妇女痛经等病症,故寒冷冬至时节应格外重视脚部保暖。

除了要穿着保暖性能好的鞋袜外,平时还要多活动双脚,可常进行跑步、竞走、散步等运动,并应养成泡脚的习惯。晚上睡觉前,用热水烫一烫脚,既能御寒,又能有效地促进局部血液循环,增加脚的营养供给,保持皮肤柔软,减轻下肢的沉重感和全身疲劳。

"提神枕首法"除冬困

俗话说:"春困秋乏夏打盹,睡不醒的冬三月"。冬天不少人特别容易犯困,哪怕是在大白天,也总想跟枕头亲密接触,跟"周公"大战三百回合。从中医角度来说,冬天爱睡觉与阳气不足有关。我们都知道,阳主动,阴主静,当阳气不足时,人往往容易犯困。那么,我们怎么才能快速跟"周公"说再见呢?其实很简单,在这里教您一个快速清醒的好办法——提神枕首法。当您犯困的时候,先吸气,双手从两侧往上抬,交叉在脑后;然后吐气,顺时弓身低头,保持1分钟;之后再慢慢挺直身体吸气,再吐气。最后两手慢慢放下,全身放松,连续做5次。

早睡晚起,多晒背部

晚间到清晨是一天中气温最低的时候,这期间人体要消耗大量的能量,而睡觉时耗能最少,起床要慢,应静躺养神 5 分钟,待"醒透"后再缓慢下床活动,因为清晨人体的血管应变力最差,容易引发心脑血管疾病。此外,做到不酗酒、不吸烟、不过度劳累,适当进补,以应"冬藏"。

　　冬至时节气候寒冷,在阳光充足的时候,经常晒晒后背有助于补益身体阳气,对呼吸系统疾病和心脑血管疾病有辅助治疗作用。除此之外,常接受紫外线照射,可使人体皮肤产生维生素 D,促进钙在肠道中吸收,能有效预防骨质疏松。

双手交叉脑后图之一

双手交叉脑后图之二

双手交叉脑后图之三

双手交叉脑后图之四

第三节　动静有度,形与神俱

天寒地冷冬至时,动中有静以养生。
强度时间要注意,心率过百宜减慢。
慢跑散步相结合,八段锦中来健身。

对于老年朋友来说,冬至后应注意运动不可过多,要在动中求静。如果平时运动较多,在冬至前后就应适当减少运动量,这样才能更好地适应大自然的变化,对身体也更为有益。而且除非身体状态不佳,即使天气寒冷,锻炼还是要坚持,身体才会更加健康。冬至时可常做慢骑车、散步、慢跑、八段锦、太极拳等运动以提高身体素质。

慢　　跑

跑步锻炼是人们最常采用的一种身体锻炼方式,这主要是因为跑步技术要求简单,无须特殊的场地、服装或器械。在运动场上或在马路上,甚至在田野间、树林中均可进行跑步锻炼。各人可以自己掌握跑步的速度、距离和路线。跑步要有一定的运动量,运动量由运动强度、运动时间及运动密度组成。掌握好运动强度是健身跑的关键。衡量运动强度一般采用心率指标。

(1)适宜的运动强度:每分钟心率为(170-年龄数),如果跑步者为40岁,他跑步时的适宜心率应为130次/分左右。

(2)练习的次数、时间及距离:中老年人宜每周3次,每次15~20分钟,距离1.5千米左右。跑的运动量不是恒定的,可根据本人身体情况,对运动量稍有增减。运动量的增加一定要严格遵照循序渐进的原则,切不可操之过急。

(3)跑步结束后一定要做放松活动,使人体各器官从运动状态逐步恢复到相对安静状态。可先慢走一段距离,再做几节放松操,以及做深呼吸等,时间一般为3~5分钟。

小贴士:跑步时要注意强度适宜及运动时间,结束后要放松身心。

散　步

　　长期坐着或站着工作的人,容易发生腿胀、静脉曲张和痔疮等疾病,原因是身体下部的静脉淤血,不易流回心脏。散步中,下肢肌肉加强活动,有节奏地挤压静脉血管,促进血液循环,对血液迅速回心有利。身体活动少的时候,胃肠的活动也会跟着减弱,很容易引起消化不良、便秘。饭后散步可通过腹部肌肉的运动对胃肠进行有效的"按摩",有利于促进和改善胃肠的消化和吸收。

　　当人们较长时间坐着时,肺的扩张会受到一定限制,从而影响呼吸的深度。散步时,身体挺直不弓,胳膊摆动自由,可使肺的换气量大大提高。有节奏的散步也对人的大脑皮层造成一种单调而反复的刺激,能够促进大脑皮层抑制过程的发展,使神经细胞得到充分休息。所以,睡前散步也是防治失眠的有效方法之一。

　　小贴士:抬头挺胸,迈大步,双臂要随步行的节奏有力地前后交替摆动,路线要直,心率不宜超过100~120次/分。

　　由于受性别、年龄、身体条件等因素的影响,练习者个体差异很大,不应攀比,心态要平衡,必须结合自己的实际情况灵活掌握。

第四节　情志调适,因人而异

三少三多以清心,节欲养精防伤肾。
消极情绪要克服,适当活动来移情。

　　宋代医家陈直在《寿亲养老新书》中如此描述情绪对健康的作用:"自身有病自身知,身病还将心自医。心境静时身亦静,心生还是病生时。"这首诗告诫我们必须注重心理保健,才可杜绝情志疾病。因此,冬季情志要温和,既不过分地拘控,也不要放纵。凡事有度,过之必受伤害。

清心藏神

冬天万物闭藏,人的神气也应内藏。建议做到"三少三多":少躁动、少喧哗、少生气,多睡眠、多平静、多安心。多吃养心安神之品,如大枣、桂圆、百合、莲子、小米等。突然欢乐或痛苦,无论先乐后苦还是先苦后乐,都会耗伤元气,使元气衰竭,形体败坏。因此,要平心静气地度过寒冷的冬天。

中老年人要尽量保持精神畅达乐观,不为琐事劳神,不要强求名利、患得患失。要合理用脑,有意识地发展心智,培养良好的性格,时刻保持快乐和平和的心态,振奋精神,在日常生活中发现生活的乐趣,消除冬季的烦闷。

当心情低沉时,可以找知心的、明白事理的亲友,向其倾吐心里话,以宣泄不良情绪。也可以潜心于种草养花,把精力集中到兴趣爱好上,使自己转移注意力,忘记忧伤和愁苦。

节欲养精

冬季气候寒冷,人体需要许多能量来御寒,而性生活会消耗人体较多的能量。因此,冬季要根据自身的健康状况合理房事,节欲保精,不可因房事不节而劳倦内伤、损伤肾气。

加强锻炼和营养有助克服消沉

冬季来临,日照时间缩短,人体能量也随着气温的降低而发生变化。科学家对人体大脑血清素在中枢神经的附着力进行扫描发现,冬季时的附着力加强,循环水平下降,因此人在冬天很容易变得消极。此时节中老年人可以通过参加锻炼、改善营养、走亲访友、奋发工作、外出旅游、看电影等方法来克服消沉情绪。其中,维生素 B 有助于改善情绪,这样的食品有全麦面包、蔬菜、鸡蛋等。

第五节　易感病症,辨证施护

冬至后易患疾病

呼吸系统:支气管哮喘、慢性咳嗽、咳喘、反复感冒、过敏性鼻炎、慢性 支气管炎、慢性鼻炎、慢性鼻窦炎、慢性咽炎等。

消化系统:酒精性肝炎、酒精性肝硬化、酒精性脂肪肝、胃炎、胃溃疡、十二指肠溃疡、消化道出血。

心脏系统:高血压、冠心病。

神经系统:脑出血、脑梗死。

感冒来碗"神仙粥"

冬至过后,天气转净,感冒的人就增多了。从中医的观点来看,冬天感冒大多为风寒感冒。在寒冷的冬天,我们该选择何种"武器"来对抗风寒感冒的袭击呢?不妨每天晚上给自己或家人熬点"神仙粥"。这个小方子是中国中医研究院著名老中医沈仲圭的经验方。之所以叫作"神仙粥",其实主要是因为此食疗粥品对因风寒感冒引起的头痛发热、怕冷、浑身酸痛,鼻塞流鼻涕都有很好的效果。

神 仙 粥

生姜3片,连须葱白5段,糯米50克,食醋15毫升。把糯米淘洗干净之后与生姜一块放入锅中熬煮,煮开之后再放入葱白,等粥快熟的时候,放入米醋,再熬一两分钟即可。生姜性味辛、温,入肺、胃、脾经,有发表散寒、温肺止咳的功效。这款粥最好趁热吃,吃完后便躺在床上盖好被子静卧,以免再感风寒,直至身体有汗发出。

值得注意的是,此粥是专为风寒感冒所制,对夏天的风热感冒并没有太大的效果,最好不要服用。

按摩迎香缓鼻塞

风寒感冒鼻塞了,可以通过按摩迎香穴暂时缓解。迎香穴位于鼻翼外缘处。当因为感冒而感觉鼻子堵塞时,先将两手搓热,然后用掌心贴脸颊,自上而下又自下而上地搓面 50 次左右。直至面部有火热感,然后再把两食指指尖按住鼻子两侧的迎香穴位置,接揉 64

迎香穴

迎香穴

次。按摩迎香穴能缓和鼻塞,使头脑清醒,还能预防感冒。

冻疮的治疗

冬天寒冷,容易引发冻疮。下面简介两种治疗冻疮的方法。

● 把白萝卜切成薄片,放置炉火上加温后,趁热擦抹患处,一日多次,可治疗冻疮。

● 用麻雀脑涂抹患处,可治疗冻疮。

高血压的食疗

● 草决明 30 克,煎水代茶。或草决明、卷柏各 15 克,煎水代茶。草决明、菊花各 15 克,煎水代茶。

● 山楂 12 个洗净,放入锅中蒸 20 分钟,熟后晾凉,将山楂籽挤出留山楂肉,早饭、午饭、晚饭时各吃 4 个。

● 常吃鲜芹菜可缓解高血压引起的头痛、头胀症状。

● 将鲜葫芦捣烂取汁,以蜂蜜调服,每日两次,每次半杯至一杯,有降血压的作用。

● 绿豆对高血压患者有很好的食疗作用,不仅有助于降压,减轻症状,还有防止血脂升高的功效。

● 睡前一杯水有助于预防脑血栓。老年人如果在深夜时分再喝一杯水,则早晨血黏度不仅不上升,反而有所下降。

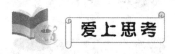

1. 冬至后老年朋友应如何改善饮食?

2. 冬至后老年朋友应如何调整起居?

3. 冬至后老年朋友可以做哪些运动? 运动时应注意些什么?

4. 冬至后老年朋友应如何适应身心的变化?

（李惠玲,谢莉莉）

小　　寒

 健康小贴士

小寒时节初三九,合理温补羊肉尝。

减甘增苦补心肺,慢跑跳绳踢毽子。

头脚保暖防肾寒,固肾养心怡精神。

　　小寒是二十四节气中的第二十三个节气,时间在 1 月 5~7 日之间,太阳位于黄经 285°时。小寒的特点是天渐寒,尚未大冷,但隆冬"三九"基本上处于本节气内,因此又有"小寒胜大寒"之说。中国古代将小寒分为三候:"一候雁北乡,二候鹊始巢,三候雉始鸲"。此时阳气已动,大雁北迁,喜鹊开始筑巢,雉在接近四九时会感阳气的生长而鸣叫。小寒的气候特征是常有寒潮爆发,会带来剧烈降温。严寒的冬天是人体"藏"的时候,需要在体内贮存一定的能量,为来年"春生夏长"做好准备。

第一节　饮食有节,四时相宜

相　　宜

　　以温补为主,推荐羊肉、鸡肉、牛肉、甲鱼、核桃、大枣、龙眼肉、山药、芝麻、瓜子、花生、榛子、松子、葡萄干等,补肾防寒、温中健脾。

　　宜减甘增苦,如百合、莲子、杏仁等,可补心助肺,调理肾脏。

相　抗

忌寒凉,尽量少吃或不吃冰激凌、生冷食品等寒凉之物,以护脾健胃、防寒入侵。

俗话说:"小寒大寒,冷成冰团"。小寒节气属于数九寒天,饮食上要以"补"为主。民谚有"三九补一冬,来年无病痛"之说,说明了冬季进补的重要性。

温补为主

小寒饮食应以温补为主,尤其要重视"补肾防寒",可以适当多吃羊肉以温补。然而体质偏热、偏实易上火的人士应以缓补、少食为好。小寒节气补肾还应注意时间。酉时,即下午5时至7时是肾经当令,此时补肾可达到较佳效果,

小寒食补要根据阴阳气血的偏盛偏衰,结合食物之性来选择。根据药食同源,下面介绍药补和食补的两种食疗方:

可适当食用党参、黄芪、何首乌、当归、阿胶等补气补血、滋补肝肾的药膳。

当归生姜羊肉汤

本方出自《金匮要略》,由当归30克,生姜30克,羊肉500克组成。

制作方法:将当归、生姜清水洗净顺切大片备用,羊肉剔去筋膜,洗净切块,入沸水锅内焯去血水,捞出晾凉备用。砂锅内放入适量清水,将羊肉下入锅内,再下当归和姜片,在武火(大火)上烧沸后,打去浮沫,改用文火(小火)炖至羊肉熟烂为止。取出当归、姜片,喝汤食肉。

功效:可温中、补血、散寒。

核桃仁参粥

食材：核桃仁500克，人参5克，粳米250克。

制作方法：先将核桃仁捣碎成泥，与粳米同煮成粥，最后加入人参粉调匀，稍煮片刻即可食用。

功效：补元气、生津液、健脾胃、暖身体、强筋骨，适用于年老体衰者及头晕目眩、失眠难寐者。

 合理进补

经过春、夏、秋将近一年的消耗，人体脏腑的阴阳气血会有所偏衰，合理进补既可及时补充气血津液、抵御严寒侵袭，又能使来年少生疾病，从而起到事半功倍的效果。但进补并非吃大量的滋补品就可以了，一定要有的放矢。按照传统中医理论，滋补分为四类，即补气、补阴、补阳、补血。

补气

针对气虚体质：如运动后冒虚汗、精神疲乏、妇人子宫脱垂等体征，宜用红参、红枣、白术、北芪、淮山和五味子等。

补血

针对血虚体质：如头昏眼花、心悸失眠、面色萎黄、嘴唇苍白、妇人月经量少且色淡等体征，宜用当归、熟地、白芍、阿胶和首乌等。

补阴

针对阴虚体质：如夜间盗汗午后低热、两颊潮红、手足心热、妇人白带增多等体征，宜用冬虫夏草、白参、沙参、天冬、鳖甲、龟板、白木耳等。

补阳

针对阳虚体质：如手足冰凉、怕冷、腰酸、性机能低下等体征，宜选用鹿茸、杜仲、肉苁蓉、巴戟等。广东人多为阴虚阳盛的体质，更宜选用冬虫夏草、石斛、沙参、玉竹、芡实之类，配伍肉禽煲、炖汤水进补。

减甘增苦

小寒时节,饮食宜减甘增苦,保护肾脏。此时适当增加"苦"味食物,有助于解热去火、清热润燥、疏泄内热过盛引发的烦躁不安。

食"腊八粥"

这个时节还有一个重要的民俗就是吃腊八粥。《燕京岁时记》中记载:腊八粥者,用黄米、白米、江米、小米、菱角米、栗子、红豇豆、去皮枣泥等,合水煮熟,外用染红桃仁、杏仁、瓜子、花生、榛穰、松子及白糖、红糖、琐琐葡萄,以作点染。上述食品均为甘温之品,有调脾胃、补中益气、补气养血、驱寒强身、生津止渴的功效。

第二节 起居有常,不妄劳作

起居歌谣

早卧晚起,必待日光;早睡晚起,维持阴阳平衡。
防寒保暖,以防寒邪;衣着保暖,头戴帽脚穿棉。
睡前沐足,多沐日光;热水泡脚,晒太阳保阳气。

早卧晚起,必待日光

早睡可以养人体的阳气,晚起可以养人体的阴气,使身体内的阴阳维持平衡。不能保证早睡晚起的作息,建议在午饭后午休半小时左右来进行调理。

另外,宜尽量减少晚间外出活动次数,以免伤阳。

防寒保暖,以防寒邪

小寒是一年中最冷的节气之一,此时着衣应以保暖为第一要务。

保暖部位的选择：尤其是头颈、背、手脚等易受凉的部位要倍加呵护。头颈部接近心脏，血流量大，向外发散热量多。背部是足太阳膀胱经循行的主要部位。足太阳膀胱经主一身之表，起着防御外邪入侵的屏障作用。手、脚远离心脏，血液供应较少，表面脂肪很薄，是皮温最低的部位。因此，小寒时节最好戴上帽子和手套；扎上围巾；脚上穿保暖鞋等。要经常保持脚的清洁干燥。袜子也要勤洗勤换。民间有"冬天戴棉帽，如同穿棉袄"的说法，就是提示我们冬天注意头部保暖的重要性。

保暖衣服的选择：很多人认为衣服穿得越厚越暖和，其实这是个误区。因为衣服的保暖性与衣服内空气层的厚度有关。衣服与身体紧贴，空气层厚度为零，则保暖性最低。小寒着衣应选用分轻便、膨松、保暖性强的羊毛、丝棉、羽绒等制品。颜色宜选深色，以增加保暖效果。

🌳 睡前沐足，多沐日光

小寒时节一定要注意脚部保暖。除了要穿保暖的鞋子外，对付脚凉最好的办法就是睡觉前用热水泡脚，然后用力揉搓脚心。

人背为督脉和足太阳膀胱经行之处。倘若背部保暖不好，风寒邪气极易经过人体背部入侵，损伤人体阳气而致病，或者旧病复发加重。对气管炎、哮喘、过敏性鼻炎、风湿病、胃及十二指肠溃疡以及心脑血管病及高血压的老年患者而言，背暖尤为重要。冬日晒太阳，应多晒背部；穿羽绒背心、皮背心，对暖背也大有好处。

第三节　动静有度，形与神俱

民谚说："冬天动一动，少闹一场病；冬天懒一懒，多喝药一碗。"小寒时节老年朋友要适当加强身体锻炼，同时还要讲究方式和方法。

● 运动方式。可以根据自身情况选择慢跑、跳绳、踢毽子等运动方式。

● 运动时间。冬季宜早睡晚起"得阳光"，锻炼时间最好安排在日出后，以避免雾露天气。也可安排在下午，因为心血管病的发病高峰一般集中在上午 6~12 点，此时人体血小板聚集率高，容易形成血栓，加之上午体内肾上腺素浓度增大，易引起冠状动脉收缩甚至痉挛，如果此时再进行运动，特别是运动量过大，易造成冠状动脉痉挛或形成血栓，诱发冠心病、中风等心脑血管疾病。

● 运动前一定要做好充分的准备活动，比如先压压腿甩甩臂、蹲下及站起等，以充分调动肢体。

● 运动中锻炼时换气，宜采取鼻吸口呼，随着运动量的加大，需要用口帮助吸气，口宜半开，舌头卷起，抵住上腭，使冷空气从牙缝中出入。要特别防止滑跌，遇冰封雪飘天气，可在室内、阳台或屋檐下原地踏步跑，既能健身，又能避免意外。

● 运动后应避免大汗，如出汗过多则应将湿衣服及时换下，以防感冒。

搓腹法——小寒健身的辅助运动

先搓热双手，然后左手心放在肚脐上。右手放在左手背上绕脐搓腹，顺时揉搓 100 次。在早晚起床和睡觉的时候，用 10 分钟左右的时间就可完成此运动，不仅可以调理睥胃，还能有效预防便秘。

搓足心法：左手掌心对应右脚涌泉穴搓揉 50 到 100 下，再右手掌心对应左脚涌泉穴搓揉 50 到 100 下，或者仰卧，用右足心搓左脚拇指内侧 50 下，再左足心搓右脚拇指内侧 50 下，您只需在早晚抽出 20 分钟左右的时间来做就可以了。不但可以补肾安神，对预防失眠也有很好的效果。

搓腰法：首先将双手搓热，然后用掌心上下搓按腰部 36 下，每天做 2 次。这个动作在休息的时候就可以完成，对预防腰肌劳损有很好的效果。

第四节 情志调适,因人而异

> 莫劳神忧事伤身,宁神定志少思虑。
> 莫患得患失伤神,畅达乐观添乐趣。

小寒时节寒风凛冽,阴雪纷纷,易扰乱人体阳气,使人萎靡不振。因此,在小寒之时应调养心肾,以保精养神。

现代医学研究发现,老年人患病可由不良心理因素引起,如大喜大怒可使血压升高,心率增快而诱发心绞痛、心肌梗塞、脑溢血,甚至猝死。因此,应保持情绪乐观、精神愉快、心态平和、豁达开朗。

● 多晒太阳暖心情:医学研究表明,冬天日照减少,易引发抑郁症,使人情绪低落、郁郁寡欢、懒得动弹。为了避免以上情况,在阳光较好的时候,宜尽量到外面多晒太阳。

● 文体娱乐暖心情:多参加丰富多彩的文体娱乐活动,并注意动静结合。动可健身,静可养神,体健神旺,可一扫暮气,振奋精神。

第五节 易感病症,辨证施护

 小寒后易患疾病

心脑血管系统:中风、心绞痛、心肌梗死。

呼吸系统:慢性支气管炎、肺炎、呼吸衰竭。

其他:关节痛、颈椎病。

🍂 中风的中医辨证分型

● 中经络

症状：患者无昏迷,以半身不遂、口眼歪斜、舌强语謇、半身麻木等症为主要表现。

治法：平肝熄风、化痰通络为主。

● 中脏腑

症状：患者突然昏迷,以不省人事,口眼歪斜,半身不遂,舌强语謇为特征。

治法：熄风泻火、豁痰开窍为主。

🍂 中风的饮食施护

中风患者膳食的原则是在急性期以清热化痰散瘀为主,恢复期则以清热养阴、健脾和胃为主。根据患者不同的症候特点指导其辨证用膳。

● 阳虚或寒症的患者：宜食甘温食物,如荞面、胡萝卜等,禁用生冷寒凉食物。

● 阴虚或热症的患者：宜食甘凉食物,如绿豆、小米等,多食白菜、黄瓜等蔬菜,禁用辛辣温热性质的食物。

● 发热患者：宜食清淡、易消化的食物,忌辛辣、油腻食物;便秘者宜食高纤维素食物,如蔬菜、水果等;注意定时定量、少食多餐,忌肥甘甜腻、辛辣之品。

● 有腹泻者：应忌食生冷瓜果与蔬菜;伴有胃病者应忌食碍胃之品,如不易消化的肥肉类、鱼类、蔬菜及刺激性食物等。

● 高脂血症者：忌食动物内脏,少食花生等油脂多、胆固醇高的食物,戒烟酒。

● 高血压患者：宜低盐饮食,应多吃富含钾和钙的食品,如鱼、牛奶、西瓜、柑桔、菇类、海产品等,减少食盐摄入量,每天 3～4 克为宜。

中风的症状施护

　　患者病情缓解后,应帮助患者进行肢体功能锻炼和语言训练。中风患者的功能训练越早恢复越好,一般在患者生命体征平稳、无心功能不全的情况下即可进行。

　　●半身不遂:以健带患,以上带下,从床上到床下,从室内到室外,逐步加大运动量。

　　●舌强语謇:发生语言障碍的患者情绪易急躁,对于运动型失语的患者可用手势、表情、体态方式交谈,有书写能力者可用笔谈,若为理解性失语患者,则家人或护理人员尽量用动作示范,多次重复、强化,以建立某种关系。经常让患者听广播,练习发音,应先练习唇喉音,进而舌齿音、卷舌音。

　　●康复疗法:适当应用针灸、按摩、理疗等方法对中风患者进行治疗,可以促进患者康复,可按摩、针刺风池、足三里、三阴交、委中、极泉、曲池等穴位。

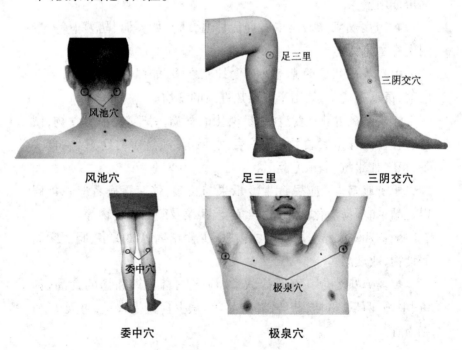

风池穴　　　　足三里　　　　三阴交穴

委中穴　　　　极泉穴

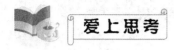

1. 小寒后老年朋友在饮食方面如何"进补"?

2. 小寒后老年朋友应如何做好防寒保暖? 哪些部位须重点保暖?

3. 小寒后有哪些运动适合老年朋友? 运动方法是什么?

4. 小寒时节寒风凛冽、雨雪纷纷,老年人应如何调适情绪?

（俞红,俞琴）

大　寒

 健康小贴士

天寒地冻大寒节,八面爱风吹给你。
东风天冷要加衣,南风吃饭有规律。
西风锻炼须坚持,北风居室能通气。
东北睡眠需充分,东南心情不烦躁。

　　大寒是二十四节气中的最后一个节气,时间在每年的公历1月20日左右。这时寒潮南下频繁,是中国大部分地区一年中的最冷时期,风大,低温,地面积雪不化,呈现出冰天雪地、天寒地冻的严寒景象。冬三月是生机潜伏、万物蛰藏的时令,此时人体的阴阳消长代谢也处于相当缓慢的时候,此时宜早睡晚起,不要轻易扰动阳气,凡事不要过度操劳,要使神志深藏于内,避免急躁发怒。

第一节　饮食有节,四时相宜

　　大寒时节仍然是冬令进补的好时机,但由于大寒与立春相交接,因此也应考虑到季节的变换,遵循滋阴潜阳的饮食原则。

 藏热量

　　由于大寒时节相对寒冷,人体需要的热量也随之增加,所以应摄取一些脂类热性食品,如羊肉、牛肉、鸡肉等,并配合药膳来对身体进行适当补益。

适当多食辛辣食物

大寒期间是感冒等呼吸道疾病的高发期,寒气容易刺激脆弱的呼吸道,此时应适当吃一些能祛风散寒的食物,以防御风邪的侵扰。在日常饮食中常用的生姜、大葱、辣椒、花椒、桂皮等,都具有发散风寒的作用。若因外感风寒轻度感冒,饮用"生姜加红糖水"来治疗,具有较好疗效。

适当多食苦味

冬季的饮食原则是减咸增苦,以保心肾相交,阴阳平衡。可选择一些苦味的蔬菜,比如芹菜、莴笋、生菜、苦菊等。这些苦味食物具有清热泻火、增进食欲、消除疲劳等功效。

适当补充维生素

气候寒冷干燥的冬天,许多人有嘴唇干裂、口角炎症等问题,这主要是因为缺乏维生素 B_2,可适当多食酸乳酪、花粉、酵母粉等,这些食物都含有丰富的维生素 B_2。

有节制地饮食

寒冷会使人体免疫系统功能下降,胃肠遇寒冷刺激很容易引起功能失调,出现消化性溃疡、胃肠道发炎、消化不良、胃胀等问题。冬天很多人喜欢吃火锅,认为这样能祛除寒气,却不知这样过多地摄入高脂肪、高热量的食物更容易引起肠胃疾病。因此,大寒期间饮食要有节制,切忌暴饮暴食。同时可多吃点具有健脾消滞的食物,如山楂、柚子等,还可多喝点小米粥、健脾祛湿粥等进行调理。

第二节　起居有常，不妄劳作

大寒来临，到了一年中最冷的时光，稍不注意就可能得病，此时特别要防"五寒"。

防颈寒：戴围巾、穿立领装

冬天是颈椎病高发的季节，颈部是人体的"要塞"，不但充满血管，还有很多重要的穴位。戴围巾、穿立领装不但能挡住寒风，给脖子保暖，还能避免头颈部血管因受寒而收缩，对预防高血压病、心血管病、失眠等都有一定的好处。

防鼻寒：晨起冷水搓鼻

天冷后凉燥更明显，鼻炎成了许多人的大麻烦。此时"不妨以寒制寒"，每天早上或者外出之前用冷水搓搓自己的鼻翼，有利于增强鼻粘膜的免疫力，缓解鼻塞、打喷嚏等过敏性鼻炎症状。

防肺寒：喝热粥散寒

风寒感冒症状轻者，可以选用一些辛温解表、宣肺散寒的食材，清代《惠直堂经验方》中的神仙粥就不错。有歌云："一把糯米煮成汤，七根葱白七片姜，熬熟兑入半杯醋，伤风感冒保安康。"温服后上床盖被，微热而出小汗。每日早、晚各 1 次，连服 2 天。

防腰寒：双手搓腰暖肾阳

具体的做法是：两手对搓发热后，紧按腰眼处，稍停片刻，然后用力向下搓到尾椎骨（长强穴）。每次做 50～100 遍，每天早、晚各做 1 次有利于畅达气血、强状腰脊。

防脚寒：常泡脚或足浴

泡脚或足浴时有三点注意：

第一，温度。水温最好40℃左右，水淹没踝关节处。

第二，时间。每次泡20～30分钟，不时加热水保持水温，泡后皮肤呈微红色为好。

第三，按摩。泡足后擦干用手按摩足趾和脚掌心2～3分钟。以上三点做完之后最好在半小时内就寝，以保证足浴效果。

第三节　动静有度，形与神俱

俗话说："冬天动一动，少闹一场病；冬天懒一懒，多喝一碗药"。冬季时节，天地间阳气渐升，人体的气血也要适当舒展，以便于春季阳气生发，而最简便有效的方法就是适度运动。不过，由于大寒时节还要持续一段时间的寒冷，寒冷易致气血阻滞不通、筋脉拘挛抽搐、关节屈伸不利，因此大家运动时须注意以下几个方面：

● 运动时间不宜太早，等到太阳出来后再做运动。

● 运动幅度不宜过大，以免扰动阳气，可以到空气较好的公园里慢跑、打太极拳，或者打打篮球等。

● 由于户外气温比室内低，人的韧带弹性和关节柔韧性相对不够灵活，为避免造成运动损伤，在运动前先要做一些热身准备，比如慢跑、搓脸、拍打全身肌肉等。也可以双手抱拳虎口相接，左右来回转动，这样不仅可以增加手指的灵活性、预防冻伤，还可预防感冒。

● 运动贵在坚持，每天坚持半小时柔和的中等强度运动，有助于促进胸中浊气排出，使周身气血通畅，增强抵御寒冷的能力，提高机体免疫力，来年春天不容易生病。

第四节　情志调适，因人而异

古语云："暖身先暖心，心暖则身温"。这说的是心神要旺盛、气机要通畅、血脉要顺和，全身四肢百骸才能得到温暖，从而抵御严寒。因此，首先要安心养性，保持心情舒畅，使体内气血和顺，不扰乱闭藏的阳气，做到"正气存内，邪不可干"。"过喜伤心"，情绪长时间的激动，会导致心率加快，血压升高，这对患有心血管疾病的老年人是很不利的。因此，老年人注意避免过喜或过度伤心，可以有效减少心脑疾病的发生。

大寒时节，老年朋友要控制自己的情志活动，保持精神安静，让神潜藏于内而不暴露于外。做到早睡晚起、劳逸结合、养精蓄锐，使精气内聚以润五脏，从而增强身体的免疫力。同时，还要保持静神少虑、畅达乐观，不为琐事劳神，不为名利所累，这样才有利于健康，从而平安度冬。

第五节　易感病症，辨证施护

立冬后易患疾病

心脑血管疾病：高血压、心绞痛、心肌梗塞、脑梗塞、脑出血。
呼吸系统疾病：感冒、老慢支复发、肺炎、哮喘。
骨关节疾病：关节炎、颈椎病。

立冬后谨防中风

据资料报道，约70%中风患者多在冬季发病，因此中风被专家称为"冬季神经科的流行病"。为什么冬季好发生中风呢？这是因为冬季气温低，人体受寒冷刺激后全身毛细血管收缩，血循环外周阻力加大,左心室和脑部负荷加重,引起血压升高,促进血栓形成,导致中风发生。中风发病急,进展快,死亡率高,故在寒冬季节一定要切实做好中风的预防工作。

● 积极治疗高血压、冠心病、糖尿病等原发病,不要随意停药。

● 若突发眩晕、头痛、视物不清、肢体麻木等先兆症状,及时医院就诊。

● 戒烟、戒酒、低盐低脂饮食。

● 多吃鱼类、蔬菜、水果,饮食不宜过饱。

● 多食富含类黄酮与番茄红素食物,积极预防动脉粥样硬化,如洋葱、香菜、胡萝卜、草莓、番茄、苹果。

● 多食优质蛋白食物,维持血管弹性改善脑血流,如鱼肉、鸡鸭肉、兔肉。

● 多食高钾食物,有效降低血压,如菠菜、大葱、香蕉、柑橘、番茄、柚子。

● 减少焦虑、紧张、抑郁情绪,避免情绪波动,学会劳逸结合。

● 适度运动,运动量不宜过大,时间不宜太早,可选择散步、打太极拳。

● 早晨起床,慢慢坐起,做一些肢体伸展动作。

● 防寒保暖,室温控制在 15℃ ~ 18℃。

● 防止便秘,不要用力排便。

● 中午小睡,避免熬夜。

● 调节饮食,控制体重。

● 温水洗漱。

● 生活规律注意休息。

● 保持心情舒畅,避免情绪剧烈波动,学会控制自己情绪。

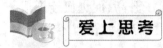

1. 大寒时节老年朋友在饮食方面应注意哪些问题?
2. 大寒时节如何健康运动?
3. 大寒时节应如何预防中风?　　　　　　（李凤玲,周丽霞）

主要参考文献

钱超生.黄帝内经·先秦至汉[M].北京：中华书局,2011.

高濂.明朝遵生八笺[M].王大淳整理.北京：人民卫生出版社,2015.

宇琦,崔绢.24节气顺时调养大全集[M].山西：科学技术出版社,2008.

清曹庭栋.老老恒言[M].中华书局,2011.

宇琦,崔绢.24节气顺时调养全书[M].哈尔滨：黑龙江科学技术出版社.

王志华,李彦知,杨建宇.杨建宇二十四节气养生歌赏析[J].中国中医药现代远程教育杂志.

程南方.二十四节气养生——立春、雨水[J].家庭医学.

张志祥.春季话养生[J].现代职业安全,2010(4).

纪雯春.春季养生六大原则[J].防灾博览,2014(1).

宋扬.谷雨时节说养生[J].家庭医药,2010(11).

王彤.谷雨养生：防春火祛风热[J].家庭保健,2011(8).

李雅.谷雨养生需防火祛湿[J].农产品加工综合刊,2012(4).

段蓬勃.中西医结合治疗甲型肝炎疗效观察[J].基层医论,2008,12(10).

刘林.春分养生,但求阴阳平衡[J].家庭医药,2012(3).

蒲昭和.惊蛰春分节气,如何养生防病[J].家庭医药,2015(3).

张再良.清明接谷雨健脾祛湿防春火[J].家庭医药,2015(4).

张林.清明踏青须防感冒、流感侵袭[J].中华养生保健,2010(4).

钱琦.踏青,要防疾病接踵而至[J].现代养生,2015(4).

姚淑娟.谈春季的养生护理[J].中外健康文摘,2012,9(17).

陈航.中医的清明养生[J].南方文学,2013(4).

李雅.谷雨养生需防火祛湿[J].农产品加工综合刊,2012(4).

元建华."立夏"养生重在护心养胃[J].农家科技,2014(5).

闫民川.红色保健之顺安立夏养生[J].卓越理财,2014(5).

朱本浩.立夏过后咋养生[J].老年教育（长者家园版）,2015(7).

石柱国.立夏季节话午睡[J].养生月刊,2015(6).

宗易.二十四节气与养生（2）[J].解放军健康,2007(3).

洪钰芳.小满养生要清心泻火[J].快乐养生,2015(5).

风华.六月锻炼重点：防湿、防中风[J].健身科学,2009(6).

陈文伯.芒种养生[J].老年健康.

梦婕.夏季老人养生重点：调养心脾[J].中国老年,2015(7).

王雷.夏至——培阴补阳强心肺[J].中华养生保健,2012(6).

洪钰芳.夏至养生,重在健脾调神[J].家庭医药,2015(6).

杨璞.夏至养生防"三滞"[J].家庭医药,2015(6).

张洪解.心血管病人怎样安度盛夏[J].现代养生,2010(6).

王彤.小暑,养肺气祛宫寒[J].家庭保健,2011(13).

胡维勤.大暑正伏天,食疗防暑不怠慢[J].家庭科学·新健康,2013(7).

刘永惠.大暑养生话食粥.医药与保健,2011(7).

梁可.胃肠保健从散步开始[J].中国健康月刊,2007(10).

许沁.秋分时节需防"寒凉之气"伤身[J].工友,2013(9).

苏秋.秋季养生防"悲秋"[J].养生月刊,2013.

常怡勇.三九贴,别乱贴[J].家庭医药：快乐养生,2014(1).

王彤.冬至养生先解冬困[J].家庭保健,2011(24).

翟凤鸣,陈玉娟,黄志芳等.八段锦运动对老年人生理功能的影响[J].中国老年学杂志,2013.

博恩.冬至养生五注意[J].家庭医学,2015(12).

王彦.冬季养生宜养"藏"[J].健康博览,2011(11).

石柱国.冬季节气与饮食养生（三）[J].现代养生,2015(1).

何迎春.老年人冬季养生[J].养生月刊,2014(12).

党莉莉,邱根全.老年人冬季养生重在养肾防寒[J].医药与保健,2011(10).

任学娟,张玉琴.105例中风患者的中医辨证施护体会[J].护理实践与研究,2012,9(4).

王国玮.处暑多伸懒腰解秋乏[J].决策探索月刊,2013(17).

小吴.处暑多食鲜果蔬可防"秋燥"[J].农产品加工,2012(8).

王健.24节气与饮食养生文化：顺应时节饮食养生[J].东方食疗与保健.2009(3).